元坝海相生物礁气藏动态评价与高效开发技术

刘成川　杨丽娟　王本成　詹国卫 | 主编

U0251576

四川大学出版社
SICHUAN UNIVERSITY PRESS

项目策划：傅　奕　梁　胜
责任编辑：傅　奕
责任校对：陈　纯
封面设计：璞信文化
责任印制：王　炜

图书在版编目（CIP）数据

元坝海相生物礁气藏动态评价与高效开发技术 ／ 刘
成川等主编 ． — 成都 ： 四川大学出版社，2021.4
　ISBN 978-7-5690-2407-4

　Ⅰ．①元… Ⅱ．①刘… Ⅲ．①海相－礁块油气藏－油
气开采－研究－苍溪县 Ⅳ．① TE34

　中国版本图书馆 CIP 数据核字（2021）第 063631 号

书　名	元坝海相生物礁气藏动态评价与高效开发技术
主　编	刘成川　杨丽娟　王本成　詹国卫
出　版	四川大学出版社
地　址	成都市一环路南一段 24 号（610065）
发　行	四川大学出版社
书　号	ISBN 978-7-5690-2407-4
印前制作	四川胜翔数码印务设计有限公司
印　刷	四川盛图彩色印刷有限公司
成品尺寸	185mm×260mm
印　张	11.75
字　数	285 千字
版　次	2021 年 5 月第 1 版
印　次	2021 年 5 月第 1 次印刷
定　价	180.00 元

◆ 读者邮购本书，请与本社发行科联系。
　电话：(028)85408408/(028)85401670/
　(028)86408023　邮政编码：610065
◆ 本社图书如有印装质量问题，请寄回出版社调换。
◆ 网址：http://press.scu.edu.cn

四川大学出版社
微信公众号

编 委 会

前　言

　　海相碳酸盐岩气藏在全球天然气开发中占有重要地位，全球天然气产量中有超过一半产自海相碳酸盐岩气藏，但是碳酸盐岩气藏开发面临很多难题，诸如储层非均质性强，裂缝较发育，地质模型和数值模型难以准确建立；气藏产能差异大，产能评价及合理配产难度大；气藏多有地层水，水的产出对气藏开发的影响大等，因此，在气藏投产后如何保持稳产，需要从地质到气藏工程等方面研究，多技术结合，制定气藏开发的稳产技术对策尤为重要。

　　元坝气田位于四川盆地东北部，是一个超深高含硫的大气田，气田主产层是二叠系的长兴组，主要发育台地边缘的生物礁，储层总体上埋深大（超过 6500m）、优质储层较薄（20～40m）、储层较为致密（平均孔隙度小于 6%，平均渗透率小于 1mD）、气藏硫化氢含量高（5% 以上）、温度高（150℃左右）、压力高（大于 65MPa），气藏整体呈条带状分布，是一个受构造控制的岩性有水气藏。气藏于 2007 年发现，历经近 10 年开发建设，建成为全球首个埋深近 7000m、年产 $40×10^8 m^3$ 混合气的超深层高含硫生物礁大气田，是中国石化继普光气田之后建成的第二个高含硫大气田。

　　本书以元坝气田投产后保持高产稳产的开发技术为主要内容，系统分析了元坝气田开发特征、产能评价及合理配产、考虑连通性及有水影响的动态储量计算方法、地层水的水侵识别及评价技术、复杂条带状生物礁气藏地质建模和数值模拟、气藏的稳产对策制定等。

　　本书共分为七章，由刘成川、詹国卫进行整体结构设计及拟定提纲，由参与"十三五"国家重大专项子课题《生物礁底水气藏开发规律与技术对策优化研究》的项目组成员直接编写。其中第 1 章由刘成川、詹国卫、柯光明编写；第2章由徐守成、王本成编写；第3章由杨丽娟、温善志、吴亚军、贾晓静编写；第4章由王本成、詹国卫、景小燕编写；第5章由刘成川、王本成、任世林、荀威、祝浪涛编写；第6章由刘远洋、杨丽娟、李毓编写；第7章由刘成川、詹国卫、杨丽娟、张明迪编写。

本书得到了国家科技重大专项《生物礁底水气藏开发规律与技术对策优化研究》（编号：2016ZX05017－005－002）资助。同时，书中引用了大量的高含硫气田开发方面的研究成果，由于资料众多，难以一一列举，在此一并致谢！

由于编者水平有限，书中难免有不足之处，敬请读者批评指正。

目录 Contents

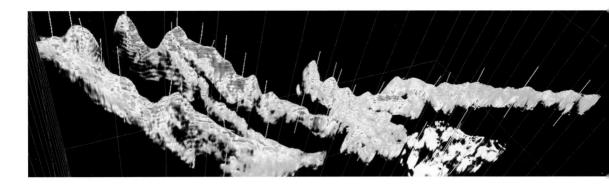

第一章　气藏概况

元坝气田位于四川盆地东北部，是一个超深高含硫的大气田，主产层是二叠系的长兴组。元坝气田长兴组气藏是国内规模开发的埋藏最深的超深层高含硫生物礁气藏，具有埋藏超深、高温高压高含硫、礁体与储层复杂、天然气组分复杂、气水关系复杂、地形地貌复杂等特点。气藏埋深 6500～7100m，气井平均完钻井深 7650m；气藏温度 145～160℃、气藏压力 66～72MPa；H_2S 含量 2.00%～13.37%，平均含量 5.32%。礁体与储层复杂，表现为生物礁单体规模小、礁盖面积 0.12～3.62km² 不等，平均 0.99km²，纵向多期叠置、平面组合方式不一、礁体类型多；优质储层薄，厚度 20～40m，物性差、孔隙度平均 4.6%、渗透率平均 0.34mD，非均质性强、渗透率变异系数 0.5～361.8，平均 48.6。天然气组分复杂，H_2S 含量 5.32%（均值），CO_2 含量 6.56%（均值），甲硫醇 172.27mg/m³，羰基硫 144.25mg/m³，总有机硫 582mg/m³。气水关系复杂，各礁滩体具有相对独立的气水系统，具有"一礁一滩一藏"的特点。地形地貌复杂，气田处于海拔 350～800m 群山之中，山势陡峭、沟壑纵横、地形起伏大。

第一节　地理概况

一、地理与交通

元坝气田地理位置位于四川省广元市苍溪县及南充市阆中市境内（图 1－1－1）。区内交通条件十分便利，有兰渝铁路可直达阆中站或苍溪站，有 G75 高速公路及 G347 国道、G212 国道及无数县道、乡道达到各个场站。

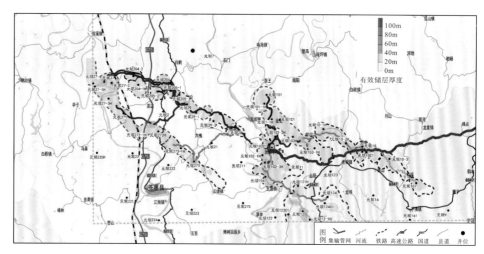

图 1-1-1 元坝气田地理位置分布图

区内地表属山区，地形北高南低，海拔一般在 400～750m，南部相对较为平缓，北部地区山势陡峭，沟壑纵深，地形起伏大。区内以亚热带湿润季风气候和山地气候特征为主，具有明显的立体气候特点，山上山下气候差异悬殊。有嘉陵江水系、巴河水系及其支流由北向南贯穿整个工区。

二、区域地质

元坝气田构造位置位于四川盆地川北坳陷与川中低缓构造带结合部，西北与北东向构造带（即九龙山背斜构造带）相接，东北与通南巴构造带相邻，南部与川中低缓构造带相连（图 1-1-2）。整体具有埋藏超深、构造较平缓、断裂欠发育的特征。

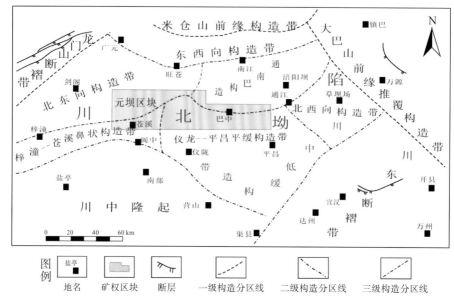

图 1-1-2 元坝气田构造位置图

　　川东北地区志留世末期抬升为古陆，普遍缺失泥盆、石炭纪沉积，直到二叠纪才接受沉积，总体看，本区西部下古生界发育陆源碎屑海相沉积，自西向东陆源碎屑减少，碳酸盐岩增加，为陆缘海型台地环境。二叠纪受东吴运动影响，形成开江－梁平陆棚，其两侧边缘发育生物礁，如普光、龙岗、元坝等地的长兴组生物礁。三叠纪经历多次开阔台地－局限台地－蒸发台地的演变，于中三叠世末（雷口坡期）结束了碳酸盐台地演化阶段，自晚三叠世开始转为陆相盆地沉积阶段。

| 第二节　勘探开发概况 |

一、勘探开发历程

　　元坝气田长兴气藏在 2007 年元坝 1 侧 1 井测试获高产（完井测试油压 18.9MPa 情况下，产气 $50.3\times10^4\,\mathrm{m^3/d}$）后发现，其勘探开发主要经历了三个阶段：

（一）勘探发现与评价阶段（2007～2010 年）

　　在元坝 1 侧 1 井测试获高产后，通过元坝地区Ⅰ期三维地震采集、处理与解释，初步明确长兴组台地边缘礁滩相区为勘探开发有利目标区。为落实台缘礁滩有利区分布范围、礁滩相储层分布规律及含气性，按照"区域甩开，整体部署"的思路，围绕元坝 1 井同时向西、向南、向东开展了对台缘礁滩相区的评价工作，部署探井 32 口、开发评价井 5 口，共完钻 22 口。根据实钻及储层展布预测研究成果，认为礁滩相储层从台地边缘向台内方向连片分布，单礁相储层优于滩相；含气面积共 $491.84\,\mathrm{km^2}$，提交三级储量 $4327.31\times10^8\,\mathrm{m^3}$。

（二）评价部署与产能建设阶段（2011～2014 年）

　　为进一步落实礁滩相储层平面展布特征及优质储层分布规律，为开发建产区优选及开发井部署提供可靠的地质依据，部署探井 6 口、开发评价井 4 口，探井及开发评价井全部完钻。根据实钻及储层与含气性预测研究成果，中国石化勘探南方分公司在长兴组台缘礁滩相区共提交探明储量 $1943.1\times10^8\,\mathrm{m^3}$，含气面积 $247.99\,\mathrm{km^2}$（图 1－2－1）。

　　根据优质储层分布规律、礁体精细刻画及储层精确预测成果，中国石化西南油气分公司按照"先礁后滩、整体部署、分步实施、滚动调整"的原则和分期建成产能目标的思路，分别编制了元坝气田长兴组气藏一期试采工程和二期滚动建产各 20 亿方混合气（17 亿方净化气）/年开发方案（表 1－2－1）。方案设计生产井数 37 口，包括利用探井 10 口、开发评价井 8 口、新部署开发井 19 口；动用储量 1261.4 亿方（试采620.69 亿方、滚动 640.75 亿方）；设计稳产 6～8 年、采气速度 3.1%，预测期末（20

年后）累计产气 570.2 亿方，动用储量采出程度 45.2%。

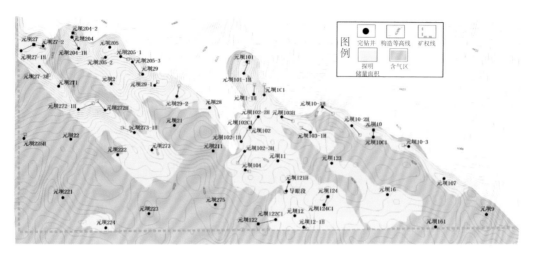

图 1-2-1　元坝气田长兴组气藏井位及探明储量分布图

表 1-2-1　元坝气田长兴组气藏试采工程及滚动建产方案指标预测表

开发指标		试采工程预测结果	滚动建产预测结果
生产井数，口		14	23
新钻井，口		9	10
动用储量，$10^8\,\mathrm{m}^3$		620.69	640.75
稳产期末 开发指标	年产气，$10^8\,\mathrm{m}^3$	19.8	19.8
	日产气，$10^4\,\mathrm{m}^3/\mathrm{d}$	600	600
	采气速度，%	3.2	3.1
	稳产年限，a	7.8	6
	累产气，$10^8\,\mathrm{m}^3$	154.1	118.3
	采出程度，%	24.83	18.46
预测期末（20 年） 开发指标	累产气，$10^8\,\mathrm{m}^3$	297.7	272.45
	采出程度，%	47.96	42.52

（三）开发建产与稳产阶段（2015 年以来）

　　元坝气田长兴组气藏于 2014 年 12 月 10 日正式投产，第一批投产井 13 口；截至 2016 年 1 月底，开发井全部完钻，整体实现地质目的，水平井储层钻遇率达 82%；至 2016 年 11 月所有开发方案设计井全部完成投产，共投产 31 口井（其中 5 口井不利用，元坝 205-3 井待投产），日均产气超过 $1000\times10^4\,\mathrm{m}^3$（累产气 45.98 亿方，累产液 9.47 万方），气藏开始进入稳产阶段。2017 年 8 月元坝 205-3 投产，2018 年 8 月首口调整井元坝 27-4 投产，气田累计 33 口井投入生产。

二、开发现状

截至 2019 年底生产井数 33 口，开井 29 口，平均油压 24.11MPa，日产混合气 1100×10⁴m³/d 左右，净化气约 1000×10⁴m³/d，日均产液 476.34m³/d，平均液气比 0.44m³/10⁴m³。年产混合气 39.8×10⁸m³，净化气 36.48×10⁸m³，累计产混合气 160.57×10⁸m³，累计产净化气 147.13×10⁸m³，累计产液 49.74×10⁴m³，动用储量采气速度 3.80%，采出程度 15.35%（表 1-2-2、图 1-2-2、图 1-2-3）。

表 1-2-2 元坝长兴组气藏开发指标表

礁带	生产井数（口）	动用储量（10⁸m³）	年产气（10⁸m³）	累产气（10⁸m³）	采气速度（%）	采出程度（%）
④号礁带	9	315.51	13.88	48.59	4.40	15.40
③号礁带	10	309.6	14.78	62.60	4.77	20.22
②号礁带	4	160.18	5.45	25.71	3.40	16.05
①号礁带	3	76.44	0.62	3.21	0.81	4.20
礁滩叠合区	5	119.25	5.09	20.40	4.27	17.11
滩区	2	65.13	0	0.06	/	0.09
合计	33	1046.11	39.8	160.57	3.8	15.35

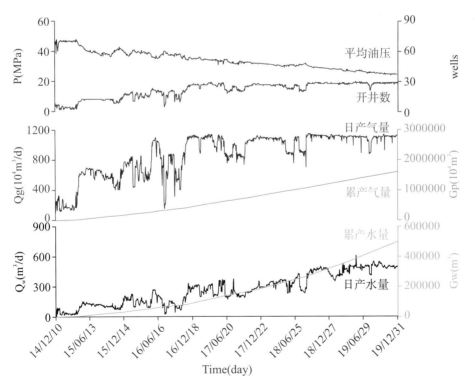

图 1-2-2 元坝气田长兴组气藏生产曲线

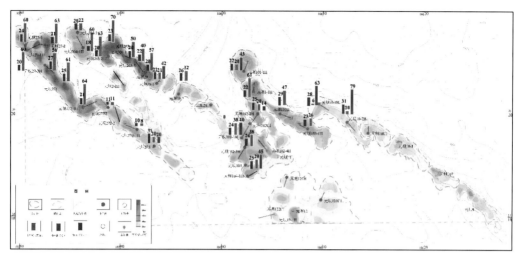

图1－2－3　元坝长兴组气藏投产井开发现状图

| 第三节　气藏特征 |

一、地质特征

元坝气田是目前全球范围内已开发的埋藏最深的生物礁大气田，主要含气层位是二叠系长兴组，构造上属川中古隆起向川北坳陷过渡地区的斜坡带。

（一）地层特征

元坝长兴组含气区地层自上而下依次为白垩系剑门关组、侏罗系蓬莱镇组、遂宁组、上沙溪庙组、下沙溪庙组、千佛崖组、自流井组，三叠系须家河组、雷口坡组、嘉陵江组、飞仙关组，二叠系长兴组、吴家坪组（图1－3－1）。受构造运动的影响，雷口坡组与须家河组、须家河组与侏罗系自流井组、侏罗系蓬莱镇组与白垩系剑门关组之间呈不整合接触关系。

上二叠统长兴组是元坝气田的主要目的层，区域地层厚度40～360m，位于礁滩相带的长兴组地层厚度多为130～210m，局部可达360m。

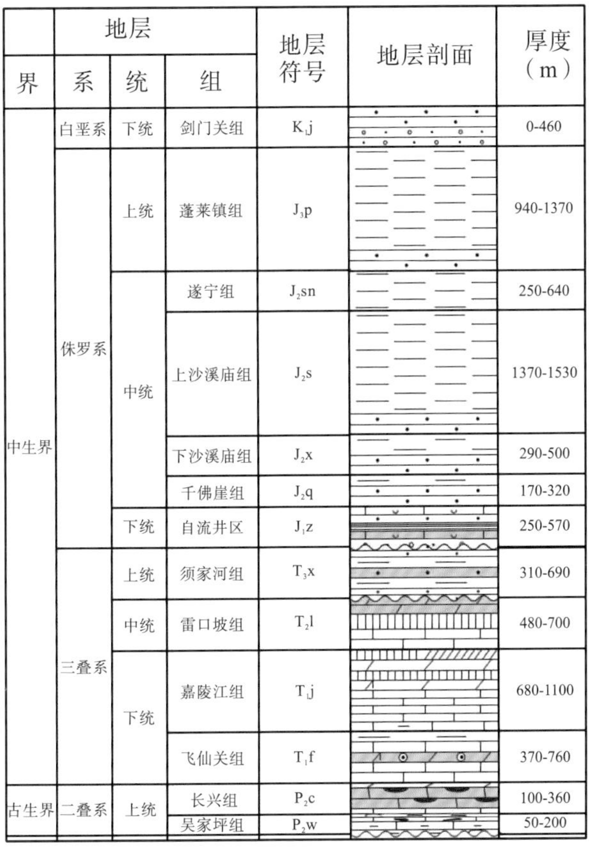

地层			地层符号	地层剖面	厚度(m)
界	系	统	组		

界	系	统	组	地层符号	地层剖面	厚度(m)
中生界	白垩系	下统	剑门关组	K_1j		0-460
	侏罗系	上统	蓬莱镇组	J_3p		940-1370
		中统	遂宁组	J_2sn		250-640
			上沙溪庙组	J_2s		1370-1530
			下沙溪庙组	J_2x		290-500
			千佛崖组	J_2q		170-320
		下统	自流井区	J_1z		250-570
	三叠系	上统	须家河组	T_3x		310-690
		中统	雷口坡组	T_2l		480-700
		下统	嘉陵江组	T_1j		680-1100
			飞仙关组	T_1f		370-760
古生界	二叠系	上统	长兴组	P_2c		100-360
			吴家坪组	P_3w		50-200

图 1-3-1　川东北元坝地区地层划分综合柱状图

元坝气田主体长兴组厚度 200~350m，平均约 260m，整体表现为东西向较稳定、南北向北厚南薄。长兴组下段厚度相对较稳定，一般为 80~100m；上段则厚度变化较大，主要受台缘生物礁发育程度的影响所致，地层厚度受沉积相带控制明显，礁带明显变厚，总体表现为南薄（滩）北厚（礁）、西薄东略厚、南部生屑滩发育区厚度较稳定的特征。

（二）构造特征

元坝地区长兴组构造平缓，褶皱轻微，发育一些小规模、低幅度构造，长兴组顶（图 1-3-2）、长兴组上段底（图 1-3-3）和长兴组底（图 1-3-4）构造格局类似，具有继承性；整体表现为向 NE 倾斜的单斜构造，西北部高，为九龙山构造向西倾伏端；中部为向斜轴部；南部为向斜翼部，为向南平缓抬升的斜坡。

整体来看，元坝地区长兴组地层受后期构造运动影响较小，构造较平缓，断裂欠发育；发育一些小型低幅构造，低幅构造与生物礁的生长发育相关，如图 1-3-5 所示，飞三至长兴底地层整体相对稳定，飞三底的褶皱与下覆长兴生物礁具有一一对应关系。

长兴组构造整体表现为向 NE 倾斜的单斜构造，西北部高，为九龙山构造向西倾伏端；中部为向斜轴部；南部为向斜翼部，为向南平缓抬升的斜坡。

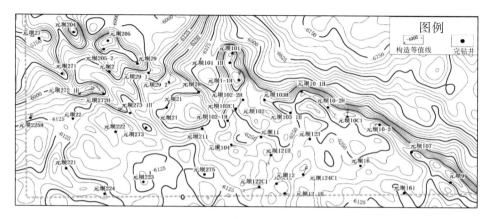

图 1-3-2　元坝地区长兴组顶面构造图

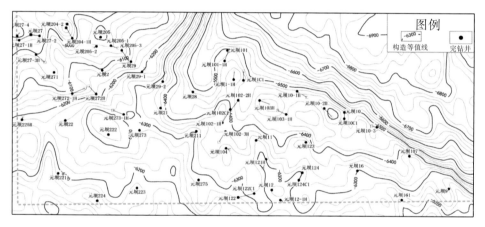

图 1-3-3　元坝地区长兴组上段底构造图

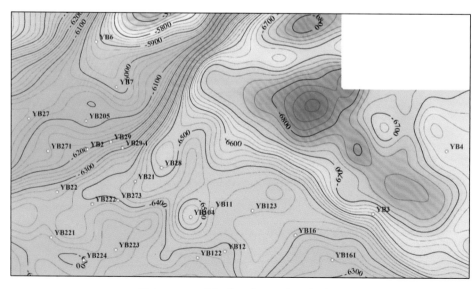

图 1-3-4　元坝地区长兴组底面构造图

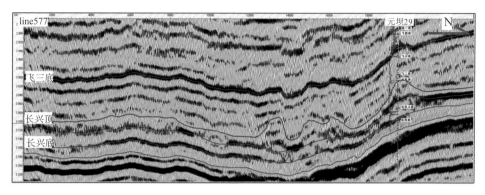

图 1-3-5 Line577 线地震剖面图

（三）沉积特征

长兴期以发育礁、滩相沉积为特征，纵向上具有"早期成滩、晚期成礁"，平面上具有"北礁南滩、礁体呈孤立状分布"的特征。即早期发育生屑滩，呈团块状展布，主要分布于气藏区南部；晚期发育生物礁，分布于台地边缘，总体呈条带状叠置发育，礁后局部发育礁后滩。

元坝地区长兴组早期为碳酸盐缓坡沉积，整体沉积地形较平缓；整体水体较深，储层不甚发育，仅在地形稍高、能量较强的局部发育一些规模较小的高能生屑滩，此为元坝长兴纵向发育的第一期滩。长兴早中期滩体具有从西向东、从南向北前积的特征，发育高能生屑滩沉积，此为元坝长兴纵向发育的第二期滩，局部发育第一期生物礁；此期滩体厚度大，分布范围也较大，但生物礁仅局部发育，规模小。长兴中期元坝地区逐渐演化为台地边缘沉积，沿着台地边缘开始出现生物礁礁沉积（第二期礁），同时，随着生屑加积及礁屑不断向礁后充填，在生物礁后发育礁后滩沉积，此为第三期滩。长兴晚期以生物礁沉积为主（第三、第四期生物礁），滩体不发育，礁体呈条带状分布，形成4个礁带；每个礁带沿走向由多个礁群组成，每个礁群又由多个小礁体组成；各个礁带不相连，同一礁带内礁群之间并不完全相连，而礁群内部各个小礁体之间连通性较差（图1-3-6）。

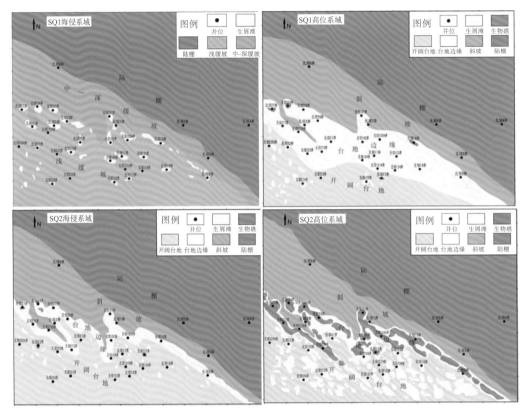

图 1-3-6　元坝地区长兴组不同时期沉积相平面展布图

元坝地区长兴组生物礁微相平面展布图具有如下特征：②、③、④号礁带礁顶分布面积最大，①号礁带礁前面积大，礁滩叠合区礁后面积最大（图1-3-7）。

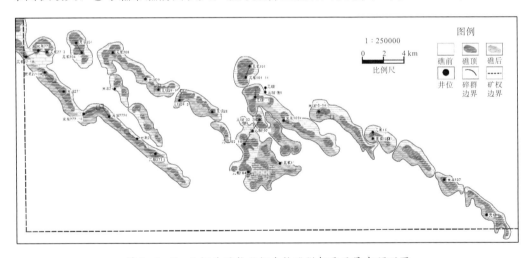

图 1-3-7　元坝地区长兴组生物礁微相平面展布预测图

（四）储层特征

1．岩性特征

长兴组发育两类储层，为生物礁相和生屑滩相储层，分别主要分布于长兴组上段和下段。长兴组储层岩石类型多，储层以白云岩、灰质白云岩为主。其中（溶孔）晶粒白云岩、（溶孔）残余生屑（粒屑）晶粒白云岩、（溶孔）藻粘结微粉晶白云岩、生物礁白云岩等是几种重要的储层岩石类型。

礁相储层岩石类型以残余生屑（粒屑）溶孔白云岩，中粗晶（溶孔）白云岩，含生屑溶孔白云岩，灰色藻黏结（溶孔）微粉晶云岩，生物礁白云岩，灰质白云岩，生物碎屑灰岩，生物礁灰岩为主。滩相储层岩石类型以灰色溶孔白云岩，灰色生屑、含生屑粉细晶白云岩，灰色灰质白云岩，残余生屑白云质灰岩，灰色生屑、砂屑、砾屑灰岩为主，其中溶孔白云岩、（含）生屑白云岩、生物礁云岩是重要的储集层岩石类型。

对长兴组储层发育具有重要建设性成岩作用主要有白云石化、溶蚀作用和后期破裂作用。

2．物性特征

长兴组储层物性中等偏差，储层具有中低孔、中低渗的储集特征，以Ⅱ、Ⅲ类储层为主。孔隙度分布区间为 0.53%～24.65%，平均为 4.53%；其中孔隙度>2% 的样品平均值为 5.47%；主要分布在 2%～5% 之间、约占 48%；渗透率介于 0.0007～2571.9026mD 之间，几何平均为 0.3399mD（图 1-3-8），主峰值位于 0.002～0.25mD 之间，渗透率级差大、非均质性强。

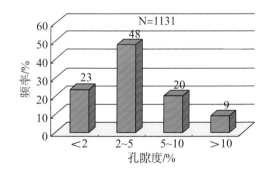 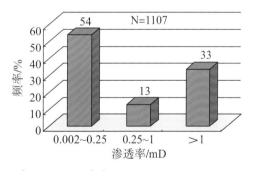

图 1-3-8　元坝气田长兴组气藏储层物性分布直方图

孔隙度与渗透率相关性在高孔段好，低孔段较差，表现具裂缝特征。上部礁相储层物性相对较好，下部滩相储层相对较差。总体上，长兴组礁-滩相属孔隙型、裂缝-孔隙型储层，以Ⅲ类储层为主，少量Ⅰ、Ⅱ类储层（图 1-3-9）。

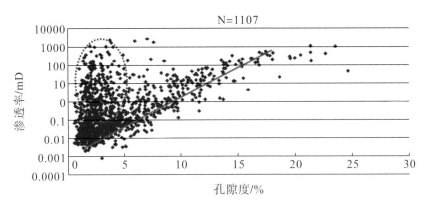

图 1-3-9　元坝气田长兴组气藏储层孔-渗相关关系图

元坝地区长兴组气藏礁相储层孔隙度介于 0.53%～23.59%，平均孔隙度为 4.87%；渗透率介于（0.0007～1720.719）×$10^{-3}\mu m^2$，几何平均为 0.5111×$10^{-3}\mu m^2$。

元坝地区长兴组气藏滩相储层孔隙度介于 0.59%～24.65%，平均孔隙度为 4.25%；渗透率介于（0.0018～2571.9026）×$10^{-3}\mu m^2$，几何平均为 0.2538×$10^{-3}\mu m^2$，主峰值位于（0.002～0.25）×$10^{-3}\mu m^2$。礁相储层物性优于滩相储层。

3. 储层空间类型与孔隙结构特征

长兴组储层储集空间类型主要为孔隙、孔洞和裂缝，以孔隙为主。孔隙是最主要的储集空间，主要包括晶间孔、晶间溶孔、粒内溶孔、粒间溶孔、铸模孔、格架孔等，其中间孔、晶间溶孔最为重要。孔洞包括不规则溶孔和溶洞，以不规则溶孔最为重要。裂缝包括构造缝和溶缝，以构造缝最为重要。

礁相储层排驱压力和中值压力较低，孔喉组合主要为中孔细喉型；滩相储层排驱压力和中值压力较高，孔喉组合主要为小孔细喉和小孔微喉型。

（五）气藏类型

元坝长兴组气藏属于超深层（6500～7100m）、高含硫化氢（5.32%）、中含二氧化碳（6.56%）、常压（压力系数 1.00～1.18）、孔隙型、局部存在边（底）水、受礁滩体控制的构造-岩性气藏。

1. 天然气组分

长兴组气藏 12 口井 13 个层天然气分析资料统计表明，天然气主要成分甲烷含量 75.54%～91.96%，平均 86.29%；乙烷含量 0.03%～0.06%，平均 0.04%；二氧化碳含量 3.12%～15.51%，平均 7.50%；硫化氢含量 2.51%～6.65%，平均为 5.14%；氮气含量 0.24%～2.55%，平均为 0.88%。天然气相对密度 0.5883～0.7938，平均 0.66。天然气临界压力 4.75MPa、临界温度 196.5K。

总体来看，天然气组分在平面上有一定差异，但差异较小。其中②号礁带 CH_4 平均含量 84.92%，CO_2 平均含量 8.02%，H_2S 平均含量 5.58%；③号礁带 CH_4 平均含量 90.01％，CO_2 平均含量 5.55％，H_2S 平均含量 3.80％；④号礁带 CH_4 平均含量 90.71％，CO_2 平均含量 3.12％，H_2S 平均含量 5.14％。

根据气藏分类标准 SY/T6168－2009，长兴组属于高含硫化氢、中含二氧化碳气藏。

长兴组气藏 11 口井天然气有机硫含量统计，天然气中硫氧碳 0～497mg/m³，平均 144.25mg/m³；甲硫醇 0～978mg/m³，平均 172.27mg/m³；乙硫醇 0～11.1mg/m³，平均 2.78mg/m³；二硫碳 0～51.2mg/m³，平均 14.69mg/m³；异丙硫醇 0～62.4mg/m³，平均 14.38mg/m³；正丙硫醇 0～101mg/m³，平均 12.83mg/m³。总体上，天然气中有机硫含量差异较大。

2. 压力、温度系统

气藏埋深 6240～7250m，平均约 6770m。地层压力介于 66.66～70.62MPa，压力系数 1.00～1.08，为常压系统。地层温度介于 145.2℃～157.414℃，温度梯度介于 1.899℃～2.11℃，为低地温梯度。

3. 地层水分布

(1) 礁相区。

礁相区指长兴晚期发育生物礁的区域，平面上主要包含①、②、③、④号礁带以及礁滩叠合区（图 1－3－10）。

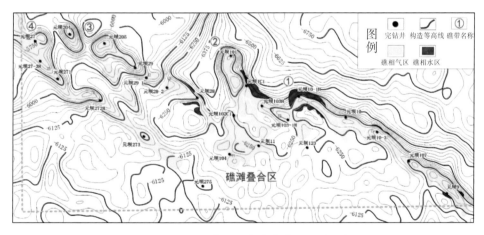

图 1－3－10　元坝礁相区礁气水分布平面图（长兴顶）

1）①号礁带。

礁带完钻井 6 口，其中：4 口气井电测曲线上含水特征明显（元坝 10－1H 导眼、元坝 10－3、元坝 107、元坝 9），1 口水平井（YB10－2H）与 1 口侧钻水平井（YB10C1）投产后见水；长兴上由于储层不连续，呈现"一礁群一水体"的特征，为底水；本次研究认为长兴下早期滩相储层可能连片发育，3 口井（元坝 10、元坝 107、元坝 9）长兴底部均钻遇水层（图 1－3－11）。

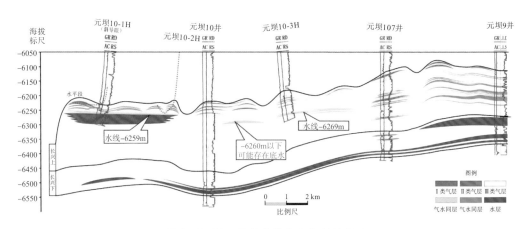

图 1-3-11　①号礁带气水分布剖面图

2）②号礁带。

礁带完钻井 5 口，其中 1 口气井（元坝 103H）导眼电测曲线礁滩相含水特征明显；投产初期 4 口井目前均未见水；钻遇礁前的元坝 101 井电测上未见水，但同井场的元坝 101-1H 井目前已产水，初步认为整个礁带下部有底水，开发过程中要特别小心（图 1-3-12）。

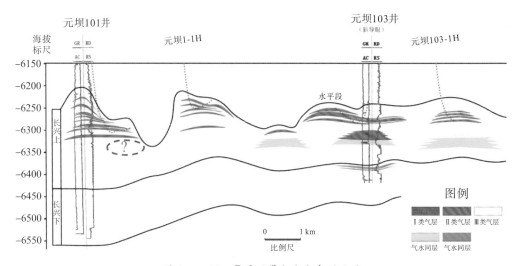

图 1-3-12　②号礁带气水分布剖面图

3）③号礁带。

礁带构造低部位的元坝 28 井长兴上下段、元坝 29-2 导眼长兴上底部测井解释含水，元坝 28 井目前生产产水，元坝 29-2 水平段目前未见水。

元坝 29-1 测井解释无水，投产 980 天后产地层水，目前产水约 40 方/天，目前对该井水源有两种看法：一种可能礁群尾部储层含水；一种可能是由于该井裸眼完井、上下合采，下部滩相边水推进，对构造高部位生产井影响不大（图 1-3-13）。

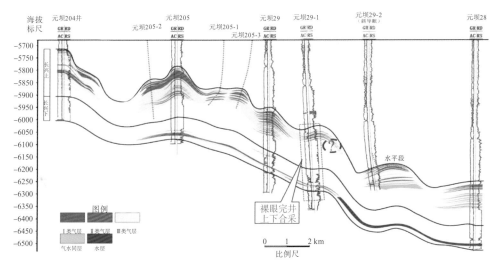

图 1—3—13 ③号礁带气水分布剖面图

4）④号礁带。

礁带长兴上无含水迹象。前期元坝 273 井长兴上测试产液且储层中下部电阻率偏低（最低值略大于 100 欧姆/米），认为可能与③号礁带元坝 28 井相似，长兴上发育水层，但该井通过近 2 年的试采，未产地层水。礁带长兴下构造低部位含水，元坝 273 长兴下段底部测井解释含水（图 1—3—14）。

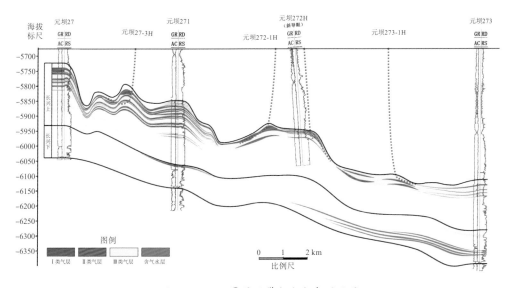

图 1—3—14 ④号礁带气水分布剖面图

5）礁滩叠合区。

礁滩叠合区生产井礁相储层电测曲线无含水特征，生产较好 4 口井（元坝 102—1H、元坝 102—2H、元坝 102—3H、元坝 104）初期不产地层水，但目前 2 口井（元坝 102—1H、元坝 104）地层水产量上升较快。但对水体性质及来源尚不清晰。

叠合区长兴下气水关系不明确，元坝 104 井长兴下测井解释 0.7m 垂厚的含气水层；元坝 11 井、元坝 102 侧 1 井长兴下测井解释不含水（图 1—3—15）。

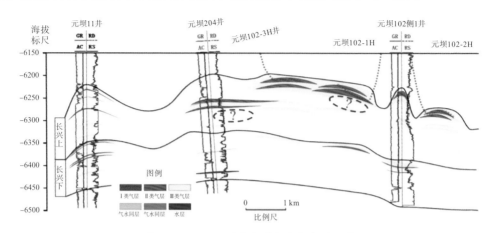

图 1—3—15　礁滩叠合区气水分布剖面图

（2）滩相区。

滩相区指长兴早、中期发育生屑滩的区域，由于滩相储层薄，难预测，前期研究认为滩体横向展布有限。本次滩相区气水研究侧重于连通性，认为一套气水系统（即有统一的气水界限）为一个滩体，通过研究认为滩体发育范围较广（图 1—3—16）。

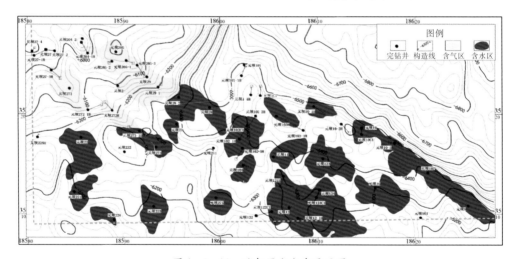

图 1—3—16　滩相区水分布平面图

（六）储量状况

截至目前，元坝长兴组气藏提交探明储量 1943.1 亿方，含气面积 278.92km²，其中：礁相区累计提交探明储量 1504.95 亿方，含气面积 176.97km²；滩相区累计提交探明储量 438.15 亿方，含气面积 101.95km²。

元坝地区长兴组气藏开发方案建产区及评价区总地质储量 1187.27×10⁸ m³：其中建产区含气面积 147.13km²，地质储量 1109.68×10⁸ m³，储量丰度 1.52～14.54×

$10^8 \mathrm{m}^3/\mathrm{km}^2$，平均 $7.68 \times 10^8 \mathrm{m}^3/\mathrm{km}^2$；评价区含气面积 $21.02\mathrm{km}^2$，地质储量 $77.59 \times 10^8 \mathrm{m}^3$，储量丰度 $1.87 \sim 5.11 \times 10^8 \mathrm{m}^3/\mathrm{km}^2$，平均 $3.69 \times 10^8 \mathrm{m}^3/\mathrm{km}^2$。

二、开采特征

（一）产量特征

气藏主力生产区块为③号、④号礁带，其日产气 $817.26 \times 10^4 \mathrm{m}^3/\mathrm{d}$，占气藏日产量的 73%，累计产气 $111.19 \times 10^8 \mathrm{m}^3$，占气藏累计产气的 69%（图 1-3-17）。

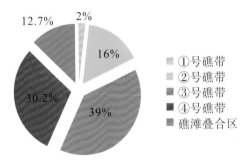

图 1-3-17 气藏累计产量构成图

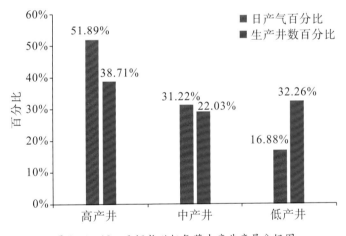

图 1-3-18 元坝长兴组气藏生产井产量分级图

气藏以中高产气井（$>30 \times 10^4 \mathrm{m}^3/\mathrm{d}$）为主（19 口），占总生产井数的 65.5%，日产气占总产气量的 85.25%（图 1-3-18、图 1-3-19）。其中 10 口高产井主要分布在③、④号礁带高部位，礁体规模大，储层厚度大，生产效果好（图 1-3-20、图 1-3-21）；9 口中产井主要位于各条礁带中部及礁滩叠合区，礁体发育，生产总体比较稳定；12 口低产井多位于礁带低部位、①号礁带以及滩区，受气井产能较低和气井含水的影响，产量较低，生产统计表见表 1-3-1。

表 1-3-1　长兴组气藏生产井产量统计表

礁带	生产井数（口）	日产气量（$10^4 m^3/d$）	气井产量分布（口）			累产气（$10^8 m^3$）
			≥50	30~50	≤30	
④号礁带	9	393.28	5	1	3	48.59
③号礁带	10	423.98	4	3	3	62.60
②号礁带	4	156.10	1	1	2	25.71
①号礁带	3	17.18	0	0	3	3.21
礁滩叠合区	5	129.94	0	4	1	20.40
滩区	2	0	0	0	2	0.06
合计/平均	33	1120.48	10	9	14	120.77

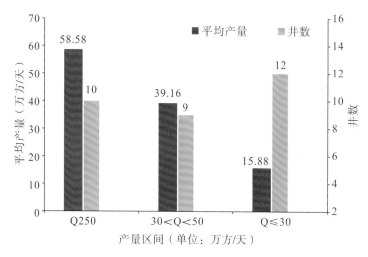

图 1-3-19　元坝长兴组气藏产量分级统计图

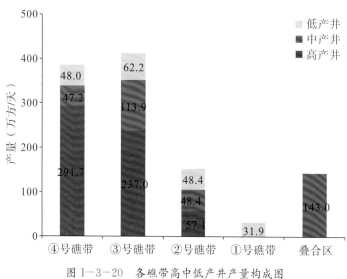

图 1-3-20　各礁带高中低产井产量构成图

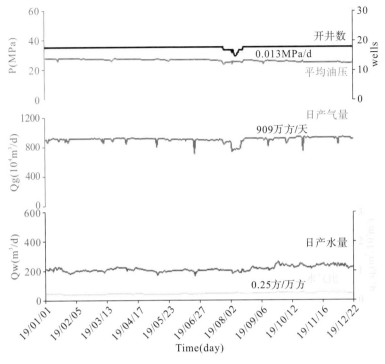

图 1-3-21 中高产井采气曲线

（二）压力特征

1. 油压特征

气藏平均油压较高，气井生产油压主要集中在 20~30MPa，平均油压 24.11MPa，4 口气井压力高于 30MPa，11 口气井油压分布在 25~30MPa 之间；11 口气井油压介于 20~25MPa；5 口气井油压低于 20MPa（图 1-3-22）。

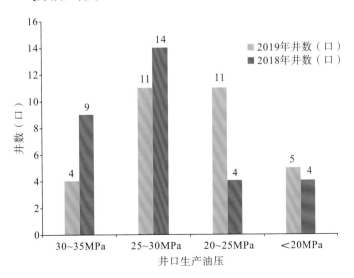

图 1-3-22 元坝长兴组气藏压力分级图

③号礁带采出程度高，油压相对较低，①号礁带受产水影响，采出程度较低，整体油压相对较高。

长兴组气藏气井储量基础大，渗透性好，压降速率普遍较低，气井在提高配产初期油压会出现阶梯式下降，但稳定生产后，压降速率仍保持在较低水平。统计不产水气井稳定生产时压降速率在 0.012MPa/d，产水气井通过主动调产，压降速率保持稳定。低产水气井生产稳定，压降速率约 0.011MPa/d；高产水气井（元坝 10−1H、元坝 10−2H）通过不断摸索合理工作制度，基本实现"三稳定"（表 1−3−2）。

表 1−3−2　长兴组气藏单井压降速率统计表

类型	井号	产量（$10^4\mathrm{m}^3$/d）	压降速率（MPa/d）
不产水井	元坝 27−1H	59	0.014
	元坝 27−2H	59	0.013
	元坝 27−3H	47	0.013
	元坝 27−4	66	0.023
	元坝 271	52	0.011
	元坝 272−1H	53	0.01
	元坝 272H	15	0.01
	元坝 273−1H	10	0.008
	元坝 204−1	53	0.013
	元坝 204−2	30	0.009
	元坝 205	65	0.01
	元坝 205−1	50	0.008
	元坝 205−2	61	0.015
	元坝 205−3	40	0.011
	元坝 29	55	0.014
	元坝 29−2	30	0.007
	元坝 1−1H	57	0.013
	元坝 103H	49	0.01
	元坝 103−1H	30	0.011
	元坝 102−2H	39	0.012
	元坝 102−3H	38	0.008

类型	井号	产量（$10^4 \mathrm{m^3/d}$）	压降速率（MPa/d）
低产水井	元坝29-1	25	0.009
	元坝101-1H	20	0.008
	元坝273	21	0.013
	元坝104	35	0.011
	元坝102-1H	38	0.012
高产水井	元坝10-1H	6.5	0.007
	元坝10-2H	10	0.011

④号礁带油压下降速率0.012MPa/d；③号礁带油压下降速率0.012MPa/d；②号礁带油压下降速率在0.01MPa/d左右；①号礁带近期通过调控生产相对稳定，压降速率0.01MPa/d；礁滩叠合区压降速率0.01MPa/d。气藏整体油压下降速率优于方案设计（0.02MPa/d），在稳定产量$1100 \times 10^4 \mathrm{m^3/d}$时，2019年气藏平均压降速率在0.012MPa/d左右。

不产水井区气井井口油压下降速率0.012MPa/d，与去年相比进一步趋缓（0.013MPa/d）；④号礁带油压下降速率0.013MPa/d、②号礁带油压下降速率在0.011MPa/d左右；③号礁带油压下降速率0.011MPa/d，①号礁带生产相对稳定，压降速率0.01MPa/d，气藏整体油压下降速率符合预期，在稳定产量$1100 \times 10^4 \mathrm{m^3/d}$时，压降速率在0.012MPa/d左右，较2018年压降速率0.017MPa/d稍缓。

2. 地层压力特征

2019年底气藏各开发单元地层压力41.5～55MPa，元坝204礁群地层压力仅有41.5MPa，下降幅度最大（38.34%），有水区由于采出程度较小，目前地层压力保持在55MPa左右（图1-3-23）。与原始地层压力相比，各开发单元压力下降了17%～38%（表1-3-3），不同开发单元压力下降有差异，主要是受储量和采出量的控制。各开发单元弹性产率0.07～$3.07 \times 10^8 \mathrm{m^3/MPa}$之间，④号礁带、205礁群、103礁群和礁滩叠合区等4个开发单元弹性产率大于$1 \times 10^8 \mathrm{m^3/MPa}$；28礁群由于受产水影响，弹性产率最低。采用各单元孔隙体积加权平均的方法求得气藏平均地层压力为50.2MPa，较投产初期下降了17.8MPa，气藏弹性产率逐渐趋于稳定，为$8.94 \times 10^8 \mathrm{m^3/MPa}$（图1-3-24）。

表1-3-3 元坝长兴组气藏各开发单元地层压力分析表

礁带	开发单元	原始压力 MPa	2019压力 MPa	压力下降 MPa	降幅 %	累产 $10^8 \mathrm{m^3}$	弹性产率 $10^8 \mathrm{m^3/MPa}$
④号	④号礁带	67.6	51.8	15.8	23.37	48.59	3.072

礁带	开发单元	原始压力 MPa	2019压力 MPa	压力下降 MPa	降幅 %	累产 $10^8 m^3$	弹性产率 $10^8 m^3/MPa$
③号	204礁群	67.3	41.5	25.8	38.34	12.76	0.495
	205礁群	67.78	47.6	20.18	29.77	43.14	2.138
	29-2礁群	67.27	43.3	23.97	35.63	6.65	0.207
	28礁群	67.3	55	12.3	18.28	0.86	0.07
②号	101礁群	69.4	51.2	18.2	26.22	19.91	1.094
	103礁群	69.3	50	19.3	27.85	5.79	0.300
①号	10-1H礁群	66	55	11	16.67	1.78	0.162
	10侧1礁群	67.1	55.5	11.6	17.29	1.42	0.122
叠合区	叠合区	68.1	52.2	15.9	23.35	20.39	1.282

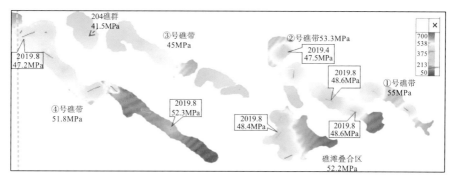

图1-3-23 元坝气田地层压力分布图（2019年底）

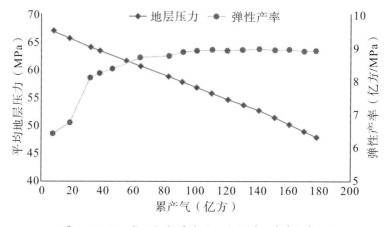

图1-3-24 长兴组气藏地层压力与弹性产率分析图

（三）产水特征

元坝长兴组气藏投产至今，主要产出液分四种类型，凝析水、凝析水＋残酸、孔隙原生水、地层边底水（表1－3－4）。气藏投产初期，气井主要产残酸及凝析水为主，随残酸返排，多数气井仅产出凝析水，液气比小于 $0.3m^3/10^4m^3$。

表1－3－4 元坝长兴组气藏投产井产出液分类统计表

产出液类型		水气比 $(m^3/10^4m^3)$	化学性质（mg/L）			
			Na^++K^+	Ca^{2+}	Mg^{2+}	Cl^-
凝析水		0.15～0.2	/	少量	少量	<2000
地层水	边底水	>0.5	>10000	0－5000	0－2000	>10000

截至2019年12月底，元坝长兴组气藏投产33口气井中已确认有11口气井（元坝28、元坝101－1H井、元坝10－1H、元坝10－2H、元坝10侧1、元坝104井、元坝124侧1、元坝121H井、元坝102－1井、元坝29－1、元坝273）产出液为地层水，水化学特征符合地层水特点（K^+、Na^+高、Cl^-高），且地质分析储层下部存在水层或气水同层，见表1－3－5所示。

表1－3－5 元坝长兴组气藏生产阶段产水井统计表

井号	油压 (MPa)	日产气量 $(10^4m^3/d)$	日产水量 (m^3/d)	水气比 $(m^3/10^4m^3)$	累产气 (10^4m^3)	累产水 (m^3)	无水产气时间（d）	产水初期时间（d）	稳定产水时间（d）
YB10－1H	27.82	6.52	71.03	10.90	10355.21	47102.76	/	590	68
YB10－2H	32.06	10.15	62.89	6.20	7275.47	23258.19	/	293	113
YB10－侧1	42.76	/	/	/	14197.39	27392.20	321	363	/
YB28	37	/	/	/	9418.53	14193.81	124	415	/
YB121H	40.13	/	/	/	531.99	1994.00	/	/	/
YB124C1	44.95	/	/	/	20.04	114.00	/	/	/
YB101－1H	22.76	19.41	42.73	2.20	57620.64	36114.48	773	198	658
YB29－1	23.85	24.31	46.35	1.91	56122.18	35417.42	980	188	503
YB273	32.42	24.62	15.60	0.63	30700.11	6808.01	960	104	/
YB104	25.51	29.41	43.99	1.50	48932.57	31980.29	780	/	534
YB102－1H	25.51	39.63	36.09	0.91	45826.12	21644.14	105	62	995

从投产至今产水量、水气比变化曲线来看，随着新井的投产及产水井的增多，气藏产水量呈逐渐上升趋势，但在近一年时间里，产水量、水气比上升趋势明显减缓（图1－3－25），一方面是由于高产水井如元坝10－1H、元坝10－2H井经过摸索与调控，产水量由最高接近100方/天下降至60～70方/天，并保持稳定；另一方面是由于低产水井在长时间稳定生产后，产水量、水气比的上升速度非常缓慢，甚至保持不变。

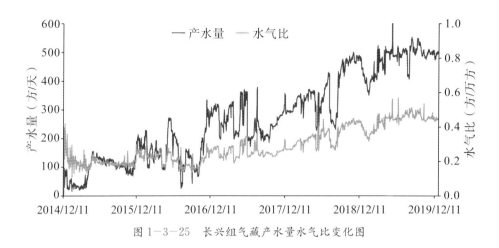

图 1-3-25 长兴组气藏产水量水气比变化图

1. 高产水气井

该类型井早期地质分析认识有水，包括 6 口气井：元坝 28、元坝 10-1H、元坝 10-2H、元坝 10 侧 1、元坝 121H、元坝 124 侧 1，主要分布于③号礁带构造低部位、①号礁带及滩区。

基本没有无水产气期（投产即见水或者很快见水），由于产水量较大，目前这 6 口井中元坝 121H、元坝 124 侧 1、元坝 10-侧 1、元坝 28 井关井未生产，其余 4 口井间开生产，总体上对气藏产量影响较大。通过不断摸索工作制度，高产水井产水量基本控制，元坝 10-1H、元坝 10-2H 井初步实现生产稳定，有效延长了气井带水采气期（图 1-3-26）。

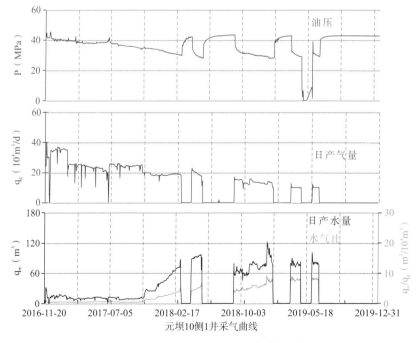

图 1-3-26 元坝 10-侧 1 井采气曲线

2. 低产水气井

该类型出水气井前期地质并未认识有水体存在，包括 5 口气井：元坝 104 井、元坝 102-1H 井、元坝 273 井、元坝 101-1H 井、元坝 29-1 井，主要分布于③号礁带、②号礁带以及礁滩叠合区。

5 口产水气井均有较长的无水产气期，平均 659 天，目前均处于产水初期，产水量较小，对生产有影响。该类气井通过优化配产，控制水体锥进，初步确定压力、产气、产水量"三稳定"工作制度。元坝 101-1H 井产量从 $42 \times 10^4 \mathrm{m}^3/\mathrm{d}$ 下调至 $20 \times 10^4 \mathrm{m}^3/\mathrm{d}$ 后，产水量、水气比稳定（图 1-3-27）。

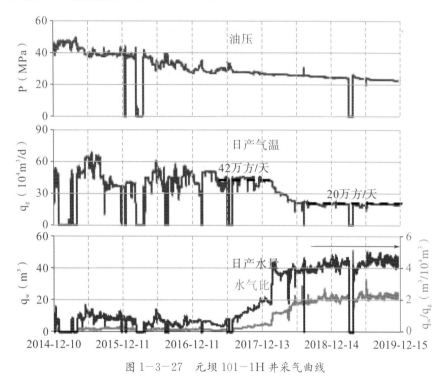

图 1-3-27　元坝 101-1H 井采气曲线

（四）天然气组分变化特征

长兴组气藏投产至今，33 口生产井共开展 2220 次气样分析，天然气中 H_2S 含量受构造位置影响，有机硫主要成分井间差异大、平面变化规律不明显。

1. 主要组分变化特征

随着开采的进行，气藏硫化氢含量逐渐增加，目前较投产初期硫化氢含量增加约 0.2% 左右（表 1-3-6）；甲烷含量③号礁带、④号礁带较高。总体上还是与礁滩体位置有关，各礁带生产井硫化氢含量及与埋深关系对比图见图 1-3-28、1-3-29。

表 1-3-6　元坝长兴组气藏硫化氢含量增加情况表

区域	井号	H₂S 含量（%）				H₂S 含量较 2016 年增加值（%）
		2016 年	2017 年	2018 年	2019 年至今	
④号礁带	元坝 27-1	4.79	5.02	4.89	4.81	0.02
	元坝 27-2	4.79	5.06	4.88	4.87	0.08
	元坝 27-3	4.55	5.14	5.13	4.89	0.34
	元坝 272-1	4.76	5.02	5.24	4.88	0.12
	元坝 272	4.94	4.7	5.25	5.01	0.07
	元坝 273	/	4.82	5.25	4.83	0.01
③号礁带	元坝 204-1	2.46	2.5	2.76	2.51	0.05
	元坝 204-2	2.23	2.21	2.32	2.36	0.13
	元坝 205-2	5.41	5.27	5.45	5.35	/
	元坝 205-3	/	4.8	4.87	4.79	/
	元坝 29-1	4.99	5.12	5.38	4.95	/
②号礁带	元坝 101-1H	8.19	8.9	8.4	8.03	/
	元坝 1-1H	6.49	7	7.33	6.54	0.05
	元坝 103-1H	5.9	6.2	7.04	6.62	0.72
①号礁带	元坝 10-2H	6.98	7.38	/	7.19	0.21
	元坝 10-侧 1	6.95	7.39	7.76	7.31	0.36
礁滩叠合区	元坝 102 侧 1 井	6.59	7.05	7.33	6.97	0.38
	元坝 104 井	5.83	6.04	6.27	5.99	0.16
	元坝 102-2H 井	6.52	6.84	6.65	6.54	0.02
	元坝 102-3H 井	5.47	5.86	6.15	5.95	0.48
平均值						0.20

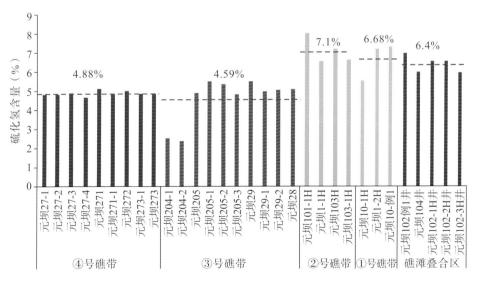

图 1-3-28　元坝气田长兴组气藏各礁带生产井硫化氢含量对比图

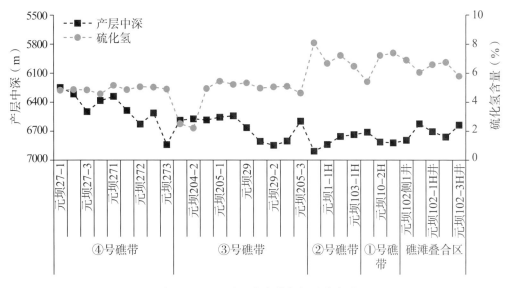

图 1-3-29 硫化氢含量与埋深关系图

2. 有机硫含量变化特征

综合前期研究，元坝长兴组气藏所产天然气中有机硫主要以羰基硫、甲硫醇为主，从投产井近期天然气有机硫含量统计表明，天然气中羰基硫 34.70～732.0ppm，平均 159.2ppm，2189 份气样分析表明小于 300ppm 的占 82.7%;；甲硫醇 0～676.0ppm，平均 45.6ppm，2189 份气样分析表明小于 100ppm 的占 90.5%；乙硫醇 0～24.7ppm，平均 5.59ppm；总体上，不同气井产出天然气中有机硫含量差异较大；④号礁带羰基硫最低（147ppm）；多数气井有机硫投产初期高，随生产进行趋于稳定（图 1-3-30～1-3-33）。

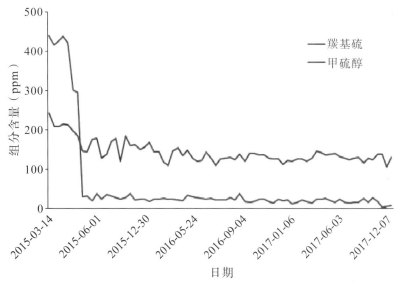

图 1-3-30 元坝 101-1H 井有机硫变化趋势图

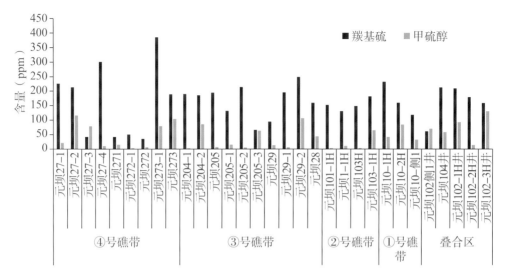

图 1—3—31　元坝长兴组气藏生产井目前羟基硫含量图

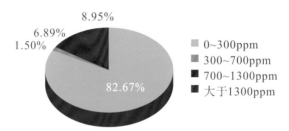

图 1—3—32　生产井羟基硫含量分布情况图

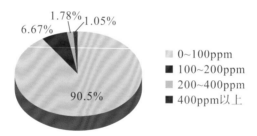

图 1—3—33　生产井甲硫醇含量分布情况图

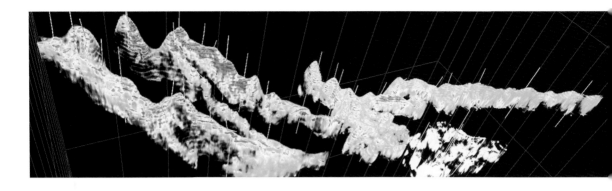

第二章 气藏渗流单元分析技术

通过层序地层格架中储隔层发育特征分析，将元坝长兴组气藏在纵向上进行含气层系划分，并找出主力开发层系；再分别从静态和动态两个方面，对元坝长兴组气藏的主力开发层系进行平面连通单元的划分，并结合生产动态分析，完成渗流单元的划分。

| 第一节 纵向含气层系划分 |

一、层序地层格架中储隔层发育特征

元坝长兴组纵向可分为 2 个三级层序（对应长兴上下段）及 4 个四级层序（图 2-1-1），礁滩相白云岩储层主要发育于四级层序下降半旋回中、上部，纵向上划分为 4 套储集体，不同储集体以 3 套相对稳定的、规模不等的灰岩隔层分开（图 2-1-2）。

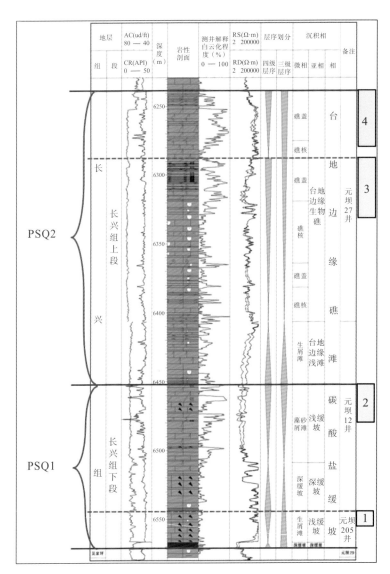

图 2-1-1　元坝长兴组四级层序划分方案图

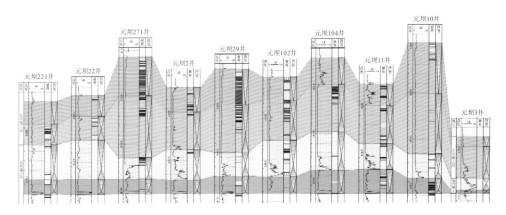

图 2-1-2　元坝长兴组气藏典型井四级层序划分对比图

以④号礁带为例，从下至上描述纵向 4 套储层体之间隔夹层划分依据及封隔情况（图 2—1—3）：1 号储集体以高 GR 段（硅质灰岩、生屑灰岩）作为隔层与 2 号储集体分隔，隔层厚度大，封隔作用强；2 号储集体以高阻段（生屑灰岩）与 3 号储集体分隔，隔层厚度大，封隔作用强；3 号储集体以相对高阻段（礁核灰岩、生屑灰岩）与 4 号储集体隔开，隔层厚度薄，封隔作用弱。

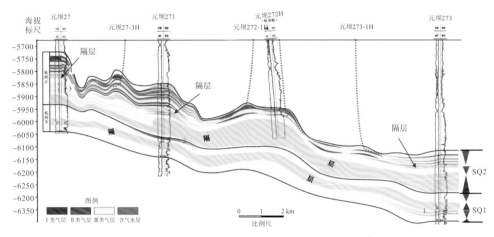

图 2—1—3　元坝长兴组气藏④号礁带纵向隔夹层发育情况图

礁相区 20 余口直井（定向井）统计对比结果表明，1 号储集体与 2 号储集体之间的隔层厚度大，平均 55.1m；2 号储集体与 3 号储集体之间的隔层厚度大，平均 51.3m；3 号储集体与 4 号储集体之间的隔层厚度薄，平均 15.9m（表 2—1—1）。

表 2—1—1　元坝长兴组纵向隔层发育厚度统计表

隔层位置	YB27	YB271	YB273	YB272H导眼	YB204	YB204—2	YB205	YB29	YB29—1	YB29—2导眼
SQ2—2	0	9.6	10.7	77	16.1	14.5	/	0	17	3.5
SQ2—1	46.8	89.3	44.7	/	31.1	35.7	76	64.7	40.5	21.5
SQ1—2	107	59.9	86.7	/	98.5	58.5	58	28.8	13	/
SQ1—1	/	/	/	/	/	/	16.7	17.1	15	/
隔层位置	YB28	YB101	YB103H导眼	YB10—1H导眼	YB10	YB107	YB9	YB102侧1	YB104	YB11
SQ2—2	0	4	0	0	82	0	5.9	0	45	17.5
SQ2—1	71	113	45.5	/	67.3	38.5	38.74	64.8	69.58	11.7
SQ1—2	62	79	29.5	/	61.5	25.3	29.04	39.7	82	18.5
SQ1—1	17	48	/	5.9	6.5	7	35.5	23.1	8	

二、纵向含气层系划分

目前多方面证据表明长兴上段 3 号储层体与 4 号储层体纵向连通性较好，即长兴组上段储层纵向连通。

（一）两套储层纵向连续

在白云化作用及相关溶蚀作用强烈的井区，礁核部分云化，上下2套储层纵向连续发育。例如元坝205井区及元坝29井区上下两套礁盖层之间的隔夹层已被云化成为储层，长兴上储层纵向连续发育（图2—1—4）。

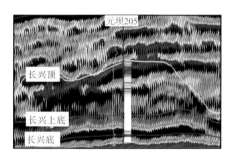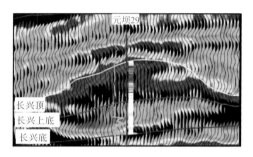

图2—1—4　元坝205井及元坝29井长兴上段储层连续发育图

（二）两期礁盖叠置，储层连通

长兴上段两期礁盖叠置，储层上下沟通。例如元坝204—2井区，晚期礁盖与元坝早期礁盖搭界，储层纵向沟通（图2—1—5）。

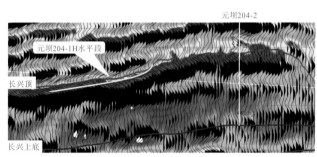

图2—1—5　元坝204—2井区长兴上两期礁盖叠置图

（三）裂缝发育可沟通纵向储层

根据11口井岩心裂缝描述及10口成像测井资料裂缝解释成果统计，裂缝纵向高度主要集中在40cm以内（占85.5%），部分裂缝规模较大，甚至可超过3m。高角度构造缝发育有利于长兴上段纵向储层的沟通（图2—1—6）。

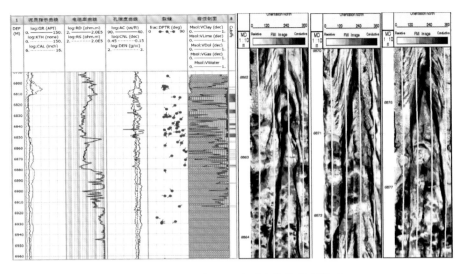

图 2-1-6 元坝 273 井测井裂缝发育情况

(四) 酸压可沟通纵向储层

根据该工区直井酸化施工经验，依据以酸蚀裂缝长度为优化目标的理论，元坝长兴组气藏最优酸液规模为 400m³，在该规模下能够实现大部分射孔段的改造，动态缝长 49m、动态缝高 52m、酸蚀缝长 44m、平均缝宽 0.172m、导流能力 67.3m，酸压形成的压力缝进一步加强了长兴上段纵向储层的沟通。

综上所述，长兴上段纵向 2 套储集体沟通，可作为一套含气层系考虑。确定元坝长兴组气藏礁相区纵向含气层划分方案：从下往上划分 3 套含气层系 (表 2-1-2)，第 1 套发育于长兴下段底部 (1 号储层体)；第 2 套长兴上段顶部 (2 号储层体)；第 3 套发育于长兴上段 (3、4 号储层体)，以④号礁带为例，具体见图 2-1-7。

表 2-1-2 元坝长兴组气藏纵向含气层系划分方案表

层位	三级层序	四级层序	纵向划分	岩性
长兴组	SQ2	SQ2-2	含气层系3	云岩
				礁核灰岩、生屑灰岩
		SQ2-1		云岩
			隔层	生屑灰岩
	SQ1	SQ1-2	含气层系2	云岩
			隔层	硅质灰岩、生屑灰岩
		SQ1-1	含气层系1	云岩

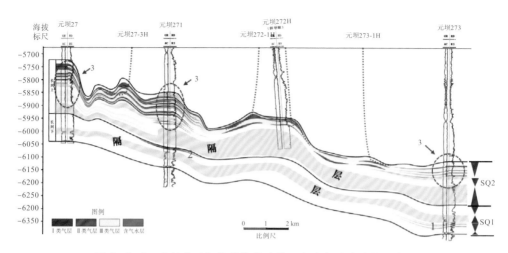

图 2-1-7 元坝长兴组气藏④号礁带纵向含气层系划分方案图

三、主力开发层系

目前元坝气田长兴组气藏投产井共 33 口，以第三套含气层系（长兴上段 3、4 号储集体）为主力开发层系：其中元坝 271 等 29 口井仅动用一套，即含气层系 3；元坝 205 井动用 1、3 两套含气层系；元坝 29-1 井裸眼测试，可能动用 1、2、3 三套含气层系（图 2-1-8）。

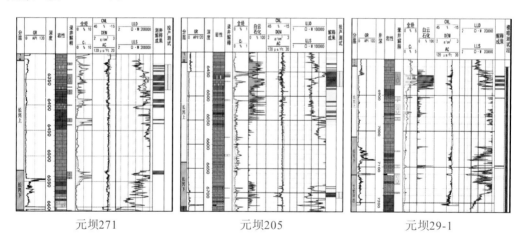

图 2-1-8 元坝长兴组气藏典型井纵向开发单元划分示意图

（左：元坝 271 井；中：元坝 205 井；右：元坝 29-1 井）

第二节 主力开发层系平面连通单元

一、静态连通单元划分方法

针对元坝长兴组复杂生物礁气藏，从静态上划分连通单元的主要依据包括地层及储层的连续性、压力系统、气水界面及流体性质等方面。主要从以下三个方面进行分析：一是礁体展布及连通性方面，采用古地貌、瞬时相位、频谱成像及三维可视化等技术刻画单礁体展布及连通性；二是流体性质与分布方面，通过分析气藏原始及开发过程中流体性质变化情况及气水分布特征来判断连通性；三是压力系统分析方面，通过将各井、各层的原始地层压力折算到同一海拔深度处进行比较，以此判断连通性。

（一）储层连续性分析

元坝地区长兴组礁相区平面上共发育 4 条北西-南东向生物礁带和 1 个礁滩叠合区。每条礁带又由若干个礁群组成，礁群内部储层连续性好，礁群之间以潮汐通道分隔，储层连续性较差。因此，可以将潮汐通道作为同一条礁带内部划分不同连通单元的依据。以③号礁带为例：从地震剖面及礁体分布图上可以明显看出，建产区元坝 204礁群、元坝 205 礁群、元坝 29-2 礁群之间存在潮道，三个礁群之间储层不连续，可划分为三个连通单元；建产区外元坝 28 井东南、元坝 2 及元坝 2 东南礁体连续性差，可划分为四个连通单元（图 2-2-1）。

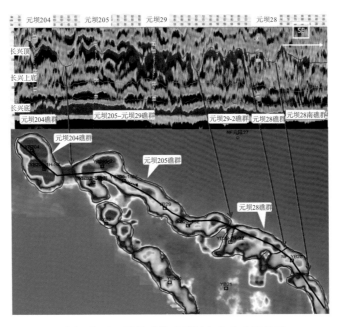

图 2-2-1 ③号礁带礁群划分平面及剖面图

对同一礁带内，即使礁盖储层不连续或储层存在减薄的情况，但只要不存在地层缺失或断层分隔，地层及储层连续分布，则认为储层具备连通的地质基础。以④号礁带为例，该礁带发育3个大的礁群，由过生物礁最高部位、顺礁带走向的相位剖面分析来看（图2-2-2），④号礁带礁盖顶部相位相同、且相位连续稳定，仅在局部有小的错动，表明④号礁带礁盖连续稳定，因此将④号礁带整体作为一个连通单元（图2-2-3）。

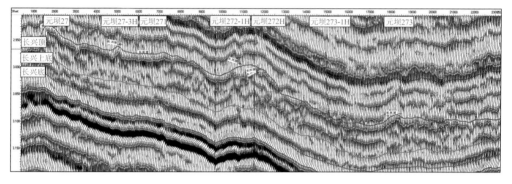

图2-2-2　④号礁带顺礁带走向相位剖面

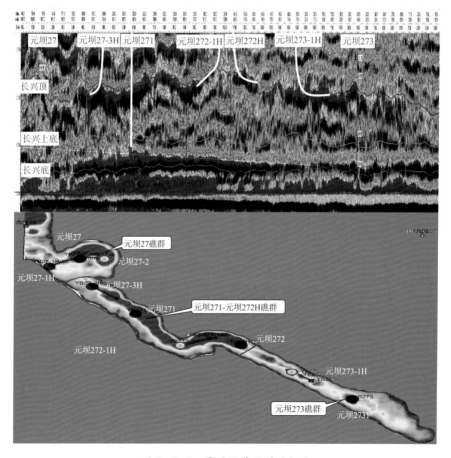

图2-2-3　④号礁带礁群划分图

依据上述原则和方法，②号礁带可划分为 3 个礁群 2 个连通单元（元坝 1-1H 礁群与元坝 103H 礁群划分为 1 个连通单元）（图 2-2-4）；①号礁带划分为 5 个礁群 5 个连通单元（建产区内 4 个，建产区外 1 个）（图 2-2-5）；礁滩叠合区划分为 3 个礁群 3 个连通单元（建产区内 2 个，建产区外 1 个）（图 2-2-6）。

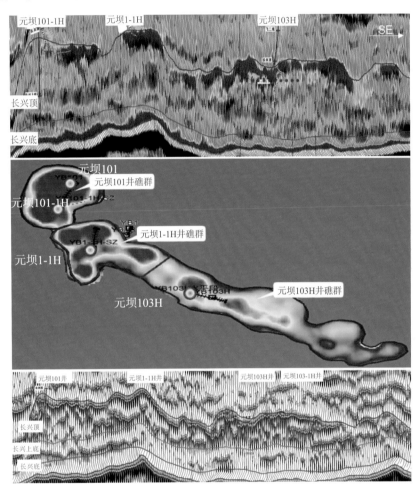

图 2-2-4　②号礁带礁群及连通单元划分图

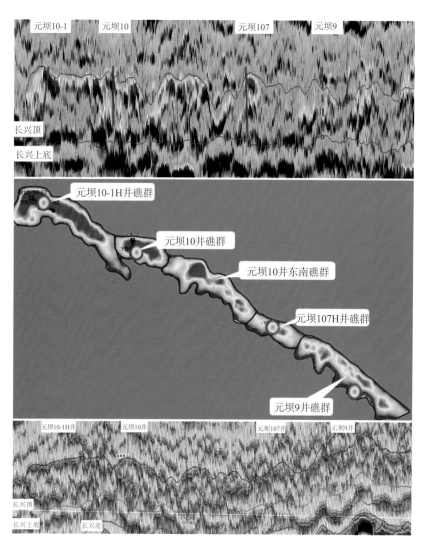

图 2-2-5　①号礁带礁群及连通单元划分图

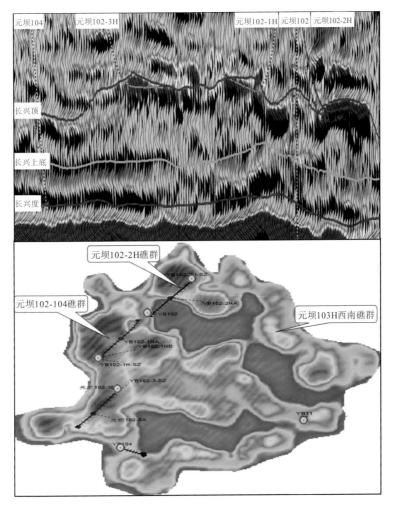

图 2-2-6　礁滩叠合区礁群及连通单元划分图

（二）流体性质及分布特征分析

1. 流体性质分析

长兴组气藏为高含硫气藏，将各井产出天然气中的 H_2S 含量作对比（表 2-2-1）。④号礁带各井 H_2S 含量接近，可作为该礁带储层连通的证据；③号礁带元坝 204 礁群三口气井 H_2S 含量明显低于礁带内其他气井，②号礁带元坝 101 井测试 H_2S 含量明显低于礁带内其他气井，进一步验证了元坝 204 礁群和元坝 101 礁群均为独立单元；①号礁带各礁群 H_2S 含量变化较大；礁滩叠合区各井 H_2S 含量整体接近。

表 2-2-1　元坝气田长兴组气藏各单井 H_2S 含量对比表

区域	井名	H_2S 含量（%）	区域	井名	H_2S 含量（%）
①号礁带	元坝 27	5.14	③号礁带	元坝 204	2.58
	元坝 27-1H	4.83		元坝 204-1H	2.51
	元坝 27-2	4.87		元坝 204-2	2.22
	元坝 27-3H	4.72		元坝 205	4.91
	元坝 27-4	4.82		元坝 205-1	5.47
	元坝 271	5.12		元坝 205-2	5.25
	元坝 272-1H	4.79		元坝 205-3	4.74
	元坝 272H	5.01		元坝 29	5.42
	元坝 273-1H	4.91		元坝 29-1	4.87
	元坝 273	4.87		元坝 29-2H	5.04
②号礁带	元坝 101	3.71		元坝 28	5.11
	元坝 1 侧 1	6.61	①号礁带	元坝 10-1H	5.18
	元坝 1-1H	6.52		元坝 10-2H	7.18
	元坝 103H	7.18		元坝 10 侧 1	7.33
	元坝 103-1H	6.07		元坝 10-3	6.25
礁滩叠合区	元坝 11	6.18		元坝 107	5.60
	元坝 102 侧 1	6.83	元坝 12 井滩区	元坝 12	6.37
	元坝 104	5.97		元坝 121H	8.80
	元坝 102-1H	6.54		元坝 124-侧 1	8.95
	元坝 102-2H	6.68		元坝 122 侧 1	10.10
	元坝 102-3H	6.03		元坝 12-1H	9.95

2. 气水分布特征分析

通过测井解释发现，元坝 29-2 井与元坝 28 井气水界面相差 38.2m，认为两井所在的礁群不属于同一气水系统（图 2-2-7），因此将储层连续性分析为一个单元的元坝 29-2—元坝 28 礁群划分为两个连通单元。

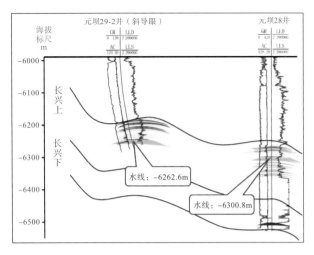

图 2-2-7 元坝 29-2 井与元坝 28 井气水关系图

此外，①号礁带各井测井解释气水界面不一致，进一步表明①号礁带 5 个礁群分属不同的储层连通单元。

（三）压力系统分析

利用地层静压监测资料，开展静压梯度分析，可以对气井是否处于一个连通系统进行判断。处于同一连通系统的气井，虽然井深可以不同，但所测得的地层压力应该符合气体的静压梯度分布，或者说分布在同一"天然气静压梯度线"上。

结合长兴组气藏实测井底静压和压力恢复资料，对④、③、②号礁带连通性进行初步研究。目前，3 个礁带上有 10 口井具有静压监测资料，将测点压力折算到各井气层中部深度对应的地层压力（表 2-2-2）。

表 2-2-2 长兴组气藏埋深与地层压力统计表

礁带	井名	测点深度	外推压力	气藏中部深度	气藏中部海拔	地层压力
④号	YB27	6111.76	66.66	6290.5	-5777.453	67.07
	YB271	6229.29	67.17	6345	-5879.461	67.42
	YB273	6730.92	67.96	6845.5	-6165.827	68.23
③号	YB204	6377.42	66.46	6556.5	-5748.3	66.88
	YB205	6346.7	65.63	6464	-5816.9	65.90
	YB29	6499.2	67.4	6667.5	-6099.5	67.80
	YB29-2	6490	67.30	6852.5	-6217.5	68.14
	YB28	6723.08	68.5	6806.5	-6273	68.70
②号	YB101	6775.16	68.87	6959.2	-6313.7	69.31
	YB1-C1	6768.06	68.29	6940.7	-6323.4	68.70

礁带	井名	测点深度	外推压力	气藏中部深度	气藏中部海拔	地层压力
叠合区	YB102C1	6600.88	68.49	6744.9	−6282.78	68.83
	YB104	6540.22	68.17	6626	−6259.934	68.37
	YB11	6548.68	66.92	6857	−6323.644	67.63

从地层压力与气层中部海拔深度的关系图可知，④号礁带3口井处于同一个静压梯度线上，可认为是同一压力系统（图2-2-8）。③号礁带元坝29礁群与28礁群4口井处于同一个静压梯度线上，元坝204礁群压力梯度不同。通过压力梯度分析认为，④号礁带、元坝204礁群、元坝28-29礁群可能为独立压力系统（图2-2-9）。礁滩叠合区3口井原始地层压力与气藏海拔深度无明显的线性关系（图2-2-10），反映该区域的礁体连通性较差。

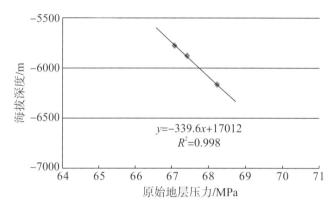

图2-2-8　④号礁带压力梯度分布图

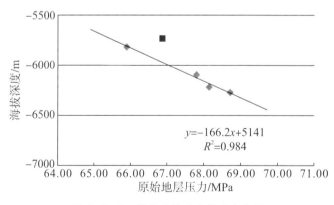

图2-2-9　③号礁带压力梯度分布图

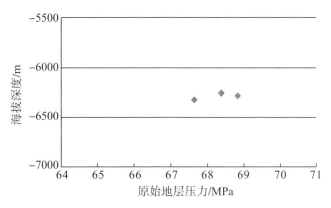

图 2-2-10　礁滩叠合区压力梯度分布图

二、静态连通单元划分结果

根据礁体精细刻画结果、储层连续性分析、流体性质与气水界面以及地层压力梯度等静态资料的综合分析，将元坝地区长兴组气藏礁相区 31 口生产井区域划分为 11 个连通单元（图 2-2-11）。

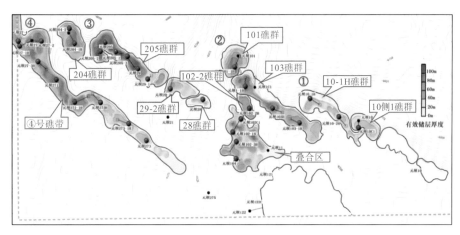

图 2-2-11　长兴组气藏连通单元划分

| 第三节　动态连通性分析 |

从动态资料上判断井间连通性的依据包括：（1）随着油气的采出和压降漏斗的逐渐扩大，地层压力逐渐降低，开采后期钻新井测试地层压力应低于早期钻探井测试地层压力，并呈规律性变化；（2）相邻井在开发过程中存在井间干扰现象，邻井能够观察到井间干扰信息；（3）相互连通的井应具有相同的压力下降幅度和趋势。

一、④号礁带

从④号礁带高部位 5 口气井的压力剖面可以看出（图 2—3—1），在投产初期各井压力差距不大，随着生产的进行，5 口气井地层压力下降趋势基本一致，2018 年 6 月 5 口气井地层压力均在 56—57MPa 左右，证明礁带高部位 5 口气井连通性好。

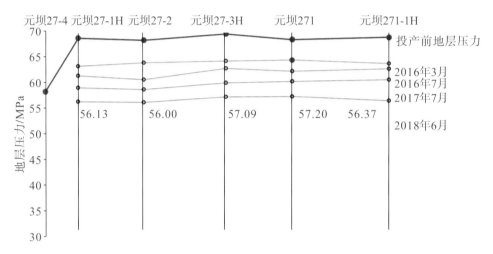

图 2—3—1　④号礁带压力剖面图

2018 年 8 月元坝 27 井区投产 1 口新井元坝 27—4，该井初期关井压力为 41.8MPa，折算地层压力 58.13MPa，其邻井元坝 27—1H 和元坝 27—2 初期关井压力分别为 49.2MPa 和 49.8MPa，地层压力在 68MPa 左右，说明元坝 27—4 井存在先期压降，与邻井元坝 27—1H 和元坝 27—2 也存在连通。

二、元坝 204 礁群

（1）后投产井存在先期压降，证实井间存在连通。

元坝 204 礁群内共有 2 口井，其中元坝 204—1H 井于 2014 年 12 月投产，原始地层压力为 66.16MPa；元坝 204—2 井于 2016 年 7 月投产，原始地层压力仅为 58.15MPa，较先投产井地层压力下降了 8MPa，说明两口井区存在连通。

（2）井间干扰进一步证实两口井连通性好。

在元坝 204—2 井投产前，礁群内仅有元坝 204—1H 一口生产井，此时元坝 204—1H 井在配产 65 万方/天时，压降速率为 0.02MPa/d，当元坝 204—2 井投产后，元坝 204—1H 井的生产油压下降速率明显加快，在配产 57 万方/天时，压降速率达到 0.03MPa/d，且两口井的油压水平、压降趋势趋于一致（图 2—3—2）。

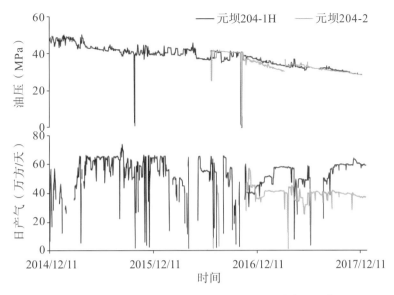

图 2－3－2　元坝 204－1H 井与元坝 204－2 井采气曲线图

元坝 204－1H 井的关井井口压力呈线性下降趋势，在元坝 204－2 投产后不久，元坝 204－1H 井的关井压力出现了明显的拐点，压力下降速度加快，说明后投产的元坝 204－2 压力波及范围逐渐扩大，与元坝 204－1H 井已形成的压降漏斗重叠，导致元坝 204－1H 井压力下掉，两口井压降趋势逐渐趋于一致（图 2－3－3）。

基于以上分析认为，元坝 204－2 井投产后对元坝 204－1H 产生明显干扰，两口井连通性好。

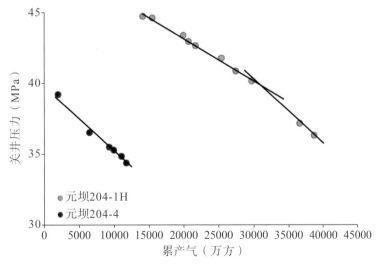

图 2－3－3　元坝 204－1H 和元坝 204－2 关井压力变化图

三、元坝 205 礁群

元坝 205 井区先后投产 4 口气井，2014 年 12 月第一批投产的 2 口井原始地层压力在 65～67MPa，到 2016 年 7 月元坝 205－2 井投产时，该井地层压力为 61.65MPa，2017 年 8 月元坝 205－3 井投产时该井的地层压力仅为 55.31MPa（表 2－3－1）。井区内各井初测地层压力随投产时间规律性下降，说明 205 井区内各井连通性好。

表 2－3－1　元坝 205 井区各井初测地层压力对比表

井号	投产时间	初测地层压力（MPa）
元坝 205	2014 年 12 月	68.59
元坝 205－1	2014 年 12 月	68.1
元坝 205－2	2016 年 7 月	61.65
元坝 205－3	2017 年 8 月	55.31

四、②号礁带

元坝 103 礁群部署井 3 口，2016 年 1 月元坝 103－1H 井投产时该井的地层压力仅 60.78MPa，远低于 2014 年 12 月投产的邻井元坝 103H 的原始地层压力（67.12MPa），反映储量被动用，两口井存在连通；并且在生产过程中也存在压力干扰，2017 年 1 月，元坝 103－1H 关井 36 天，油压下降近 1MPa（图 2－3－4），也证明了两井存在连通。

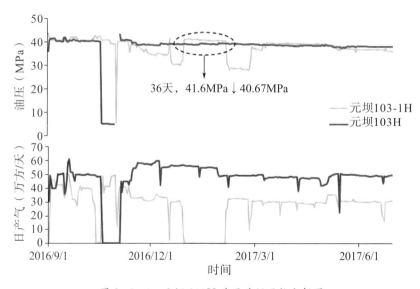

图 2－3－4　元坝 103H 井区井间干扰分析图

第四节　渗流单元划分

综合井间连通性评价，目前确定了 4 个单元为流动单元，分别为：④号礁带元坝 27－元坝 272－1H 井区；③号礁带 204 礁群，205 礁群；②号礁带元坝 103H 和元坝

103-1H井区（图2-4-1）。其余连通单元间的井间连通性需根据生产动态资料进一步验证，确定合理的流动单元划分方案。

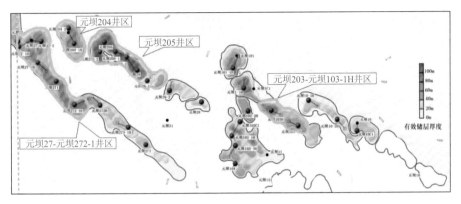

图2-4-1　元坝长兴组气藏礁相区动态井间连通单元分布图

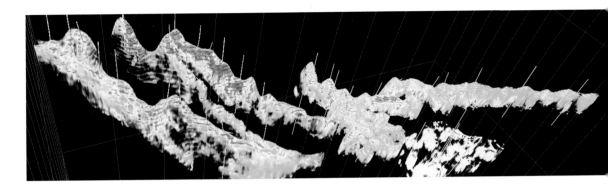

第三章　产能评价及配产技术

　　合理配产是高效开发气田的重要环节，而准确评价气井产能则是气井合理配产的基础。元坝长兴组气藏储层非均质性严重，气井产能差异大，元坝长兴组气藏系统测试资料较少，单点测试时间短，井底压力未稳定，常规产能评价方法适应性差，计算的气井无阻流量明显偏高，难以确定气井的合理产量。为此，必须针对元坝气田测试资料情况，开展气井产能评价方法研究，准确地认识气井产能，然后在此基础上研究气井配产方法，并用多种方法综合确定出元坝气田气井的合理产量。

　　气井产能评价是以产能试井理论为基础，根据开井生产所取得的产气量、井底压力及井口油压、套压等测试资料，确定气井产能方程和绝对无阻流量，预测气井产能，评价分析气井的生产能力，为确定气井合理配产提供依据。

第一节　产能分析方法

　　产能分析是根据开井生产所取得的产气量、井口（底）压力等测试资料，建立气井产能方程，计算绝对无阻流量、分析气井的生产能力。

　　元坝气田长兴组气藏储层非均质性强，开发井型主要以水平井、大斜度井为主。元坝气田长兴组气藏较多采用单点试气，部分井开展了多点测试或系统测试，测试资料有如下几个方面的特点：（1）由于高含硫化氢，气井测试方式简单。测试井主要采用一开一关方式，系统测试资料较少。（2）单个工作制度开井时间短，压力波动大，井底流压未达到稳定，增加了产能评价工作的难度和产能评价结果的不确定性。（3）关井恢复时间较短，可能导致外推压力偏低，并影响产能评价的结果。

　　通过分析整理测试资料的类型和资料质量，针对多点测试资料的气井主要采用二项式产能评价方法，对于不能建立二项式产能方程的气井以及单点测试的气井采用"一点法"经验公式计算气井无阻流量。

一、二项式产能分析方法

二项式产能分析方法是利用系统测试资料、基于气体稳定渗流的基本理论，通过绘制指示曲线和二项式方程特征曲线，建立气井二项式产能方程来计算绝对无阻流量的方法。

（一）测试方法

系统测试即连续以若干个不同的工作制度生产（一般由小到大，不少于三个），每个工作制度力求均匀分布，且产量和井底流压均要稳定。记录每个产量 q_i 及相应的井底稳定流压 p_{wfi}，并测得气藏静止地层压力 p_R，如图 3−1−1 所示。

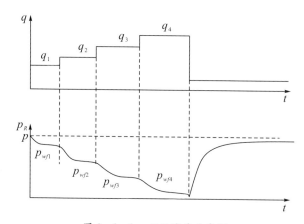

图 3−1−1　回压试井示意图

（二）测试资料分析方法

气井稳定渗流的二项式方程为：

$$\psi(p_R) - \psi(p_{wf}) = A_1 q + B_1 q^2 \tag{3−1−1}$$

拟压力在一定条件下可简化为压力平方的形式：

$$p_R^2 - p_{wf}^2 = Aq + Bq^2 \tag{3−1−2}$$

上式中的 A_1 和 A、B_1 和 B 分别是描述达西流动（或层流）及非达西流动（或紊流）的系数。

目前多采用压力平方形式的二项式产能方程，用它进行解释的方法常称为"压力平方方法"。而用拟压力形式的二项式方程进行解释的方法称为"拟压力方法"。

式（3−1−1）、（3−1−2）两端同除以 q，得：

$$\frac{\psi(p_R) - \psi(p_{wf})}{q} = A_1 + B_1 q \quad （拟压力方法） \tag{3−1−3}$$

$$\frac{p_R^2 - p_{wf}^2}{q} = A + Bq \quad \text{（压力平方方法）} \quad (3-1-4)$$

在直角坐标图上，画出 $\dfrac{\psi(p_R) - \psi(p_{wf})}{q}$ 或 $\dfrac{p_R^2 - p_{wf}^2}{q}$ 与 q 的关系曲线，将得到一条斜率为 B_1 或 B，截距为 A_1 或 A 的直线，称为二项式产能曲线，如图 3-1-2 所示。

计算无阻流量：

$$q_{AOF} = \frac{\sqrt{A_1^2 + 4B_1\left[\psi(p_R) - \psi(0.1)\right]} - A_1}{2B_1} \quad \text{（拟压力方法）} \quad (3-1-5)$$

$$q_{AOF} = \frac{\sqrt{A^2 + 4B(p_R^2 - 0.1^2)} - A}{2B} \quad \text{（压力平方方法）} \quad (3-1-6)$$

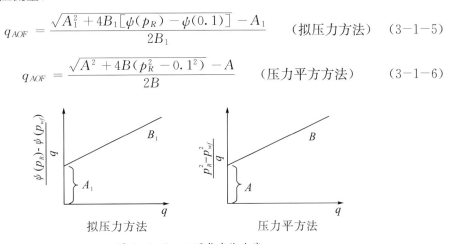

图 3-1-2　二项式产能曲线

二、"一点法"产能方程

对于某些气井，由于某些原因只能测得一个工作制度或仅一个工作制度是可靠的，可以进行"一点法"产能方程求取气井的产能。由于利用"一点法"所求气井产能用到的方程是经验统计结果，因此，对于所获得的产能数据要谨慎使用。

"一点法"公式是在二项式产能方程的基础上，通过统计分析气井的稳定试井、等时试井或修正等时试井资料并归纳总结得到的经验公式。气藏储层特征、储层物性不同，得到的"一点法"经验公式有较大的不同，各气田根据系统试气资料推导的"一点法"公式很多，适用条件各不相同。

元坝长兴组气藏大多数井为"一点法"测试，且部分系统测试资料异常；计算无阻流量时，主要借用陈元千"一点法"和川东北"一点法"进行计算。对于元坝长兴组这种非均质较强的礁滩相气藏，针对该气藏新的储层类型和新的井身条件，推导了本气藏的一点法系数、建立了该气藏的长兴组"一点法"公式。

（一）一点法产能经验公式

气藏储层特征、储层物性不同，得到的"一点法"经验公式有较大的不同，各气田根据系统试气资料推导的"一点法"公式很多，适用条件各不相同。

目前川东北地区多采用的一点法产能经验公式包括陈元千"一点法"公式、罗家寨改进"一点法"公式、川东"一点法"公式、普光气田"一点法"公式等。

1. 陈元千"一点法"公式

陈元千教授的"一点法"产能公式是根据四川十六个气田的 16 口储层物性较好的气井的多点稳定试井取得的资料分析结果，反求出各井的 α 值，该 16 口井的平均 α 值为 0.2541，取 $\alpha = 0.25$。无阻流量经验公式为：

二项式：

$$q_{AOF} = \frac{6q_g}{\sqrt{1 + 48P_D}} - 1 \qquad (3-1-7)$$

指数式：

$$q_{AOF} = \frac{q_g}{1.0434P_D^{0.6594} - 1} \qquad (3-1-8)$$

上式中 P_D 是无因次压力，定义为：

$$P_D = 1 - \left(\frac{P_{wf}}{P_R}\right)^2 \qquad (3-1-9)$$

式中：q_{AOF}——测试段无阻流量，$10^4 \mathrm{m}^3/\mathrm{d}$；

p_R——平均地层压力，MPa；

p_{wf}——井底流动压力，MPa；

qg——气井产量，$10^4 \mathrm{m}^3/\mathrm{d}$。

现场应用实践表明，该公式对中高渗储层气井产能预测具有较好的适应性。

2. 罗家寨改进"一点法"公式

罗家寨改进"一点法"公式是中石油西南分公司研究院提出的，主要根据罗家寨气藏罗家 6 井、罗家 7 井和罗家 11H 井稳定试井或修正等时试井数据总结分析形成的经验公式。表达式为：

$$\frac{p_R^2 - p_{wf}^2}{p_R^2} = \frac{2}{1 + \sqrt{1 + C_1 k^2 p_R^2}}\left(\frac{q_g}{q_{AOF}}\right) + \left(1 + \frac{2}{\sqrt{1 + C_1 k^2 p_R^2}}\right)\left(\frac{q_g}{q_{AOF}}\right)^2$$

$$(3-1-10)$$

式中：$C_1 = \dfrac{4\mathrm{B}}{A^2 k^2}$；

A、B——为二项式产能方程系数；

k——气层有效渗透率。

实际应用时，根据实际的系统产能测试资料，求出气井二项式产能方程，即可以确定出常数 C_1。罗家寨改进"一点法"公式 $C_1 = 0.000434$，研究表明该公式适合于气井产量大、生产压差小的高产气井。

3. 川东"一点法"公式

川东"一点法"公式是利用川东地区不同类型气井稳定试井和完井测试资料分别计算无阻流量，并与陈元千"一点法"公式计算结果比较，对其进行误差统计分析，再根据无阻流量大小将气井分为三种类型进行校正，归纳总结出的不同类型气井"一点法"公式。

公式一：
$$q_{AOF} = \frac{5.69q_g}{\sqrt{1+43.78P_D}-1} \qquad (3-1-11)$$

公式二：
$$q_{AOF} = \frac{7.09q_g}{\sqrt{1+64.46P_D}-1} \qquad (3-1-12)$$

公式三：
$$q_{AOF} = \frac{14.67q_g}{\sqrt{1+244.46P_D}-1} \qquad (3-1-13)$$

川东"一点法"三种公式适用条件：公式一适用于无阻流量小于 $100\times10^4\,\mathrm{m^3/d}$ 的气井，公式二适用于无阻流量在 $100\times10^4 \sim 300\times10^4\,\mathrm{m^3/d}$ 之间的气井，公式三适用于无阻流量大于 $300\times10^4\,\mathrm{m^3/d}$ 的高产气井。

4. 普光气田"一点法"公式

普光气田"一点法"公式是中原油田研究院根据普光气田 4 口探井多工作制度产能测试数据，分别求取各测试层段的产能方程后，得到气井绝对无阻流量，然后反求"一点法"公式中的 α 值，最后求得一个算术平均值而建立起来的，其算术平均 $\alpha = 0.5141$，方程形式如下：

$$q_{AOF} = \frac{2q_g}{\sqrt{1+8P_D}-1} \qquad (3-1-14)$$

普光"一点法"是用探井多工作制度测试数据计算气井二项式产能方程系数，经统计分析形成的经验公式。所采用的 4 口井测试数据除 1 口井的测试数据的流动状态基本达到稳定之外，其余井的流动均处于非稳定流动阶段。因此，在目前普光气田可用的系统的稳定试井或修正等时试井资料十分有限的情况下，用如此方法得到的"一点法"产能评价公式必定会产生较大的误差。

（二）长兴组"一点法"产能公式的建立

利用元坝长兴组气藏建立的 8 口气井的二项式产能方程，计算出每口井的"一点法"系数 α 值，从计算结果看出高、低产井的 α 值相差较大，从 $0.05 \sim 0.45$ 不等、平均为 0.16；因此根据无阻流量大小与"一点法"系数 α 的相对关系，将气井进行分类统计，以便根据长兴组气藏的非均质性建立分类的"一点法"产能方程（图 3-1-3）。

参考川东北地区"一点法"产能计算经验公式的分类方法，根据试气无阻流量将气井分为中低产井（$q_{AOF}<300\times10^4\,\mathrm{m^3/d}$）和高产井（$q_{AOF}\geqslant300\times10^4\,\mathrm{m^3/d}$）两类（表 3-1-1），其"一点法"系数 α 值平均值分别为 0.2 和 0.13，由此得出元坝长兴组"一点法"经验公式：

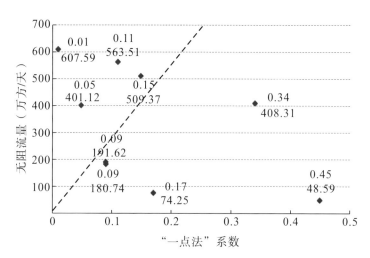

图 3-1-3　各井"一点法"系数 α 与无阻流量的关系图

表 3-1-1　各井"一点法"系数 α 统计表

无阻流量（$10^4 m^3/d$）	<300	≥300	全部
井次（口/层）	4	5	9
最小 α	0.09	0.01	0.01
最大 α	0.45	0.34	0.45
平均 α	0.20	0.13	0.16

当无阻流量小于 $300×10^4 m^3/d$ 时，α=0.2，其计算公式为：

$$q_{AOF} = \frac{8q_g}{\sqrt{1+80P_D}-1} \qquad (3-1-15)$$

当无阻流量大于 $300×10^4 m^3/d$ 时，α=0.13，公式如下：

$$q_{AOF} = \frac{13.38q_g}{\sqrt{1+205.92P_D}-1} \qquad (3-1-16)$$

| 第二节　元坝气田产能评价 |

一、二项式产能

（一）测试资料分析

在系统试井中由于各种原因，部分气井的测试资料会存在异常，引起资料异常的因素有很多，根据指示曲线特征可将异常资料归纳成三种情况，第一种：测试井底流压偏小时，指示曲线特征凹向压差轴、截距>0，且二项式系数 B 值为负；第二种：测试地层压力偏小时，凹向压差轴、截距<0，且二项式系数 A 值为负；第三种：渗流条件变好时，凸向压差轴。目前，对前两种异常情况资料进行一定校正处理后，可以得到用于产能计算的有效资料；而第三种异常情况，目前尚未有比较有效的方法进行处理（表 3—2—1）。

长兴组气藏初期共有 11 口气井开展了产能测试，通过对测试资料分析，其中有 3 口井的指示曲线和二项式方程特征曲线表现出正常特征，可以直接建立二项式产能方程；其余 8 口井表现出资料异常，需要进行一定校正处理后，才能建立二项式公式进行无阻流量计算。

表 3—2—1　元坝长兴组气藏系统测试资料情况统计

曲线类型	指示曲线特征	二项式曲线特征	含义	处理方法	备注
1	凹向压差轴过原点		测试资料正常	/	3 口井4 个层
2	凹向压差轴截距>0	B 值为负	井筒积液、压力计未至产层中部等情况，造成测取井底流压偏小	C_w 值校正	5 口井
3	凹向压差轴截距<0	A 值为负	测取地层压力偏小	C_e 值校正	无
4	凸向压差轴		井筒或井底附近残留液体逐渐吸净，渗流条件变好	暂无	3 口井

（二）异常资料的处理及二项式方程的建立

通过辨别、诊断三种异常情况的指示曲线特征，分析认为 8 口资料异常井中，有 3 口井（3 个层）属于第三种异常情况，无法进行校正处理（目前暂无有效手段进行校正）；其余 5 口（5 个层）均属于井底流压偏低的异常情况，因此，采用 C_w 值校正法对井底流压进行校正。

设 P_{wf} 为真实井底流压，P_w 为实测的或者计算的井底流压，则其误差 $\delta = P_{wf} - P_w$；当井筒内液柱不变时，有 $P_{wf} = P_w + \delta$，则 $p_{wf}^2 = p_w^2 + 2P_w\delta + \delta^2$，故流动方程 $p_R^2 - p_{wf}^2 = Aq + Bq^2$ 的真实流动方程为：

$$p_R^2 - p_w^2 - C_w = Aq + Bq^2$$
$$C_w = 2P_w\delta + \delta^2 \qquad (3—2—1)$$

由（3—2—1）式求解二项式方程，即可以计算井底流压误差 δ，再利用修正后的井底流压进行无阻流量计算。

例如元坝 124 侧 1 井，其系统测试资料指示曲线凹向压差轴、截距>0，且二项式系数 B 值为负（图 3—2—1）；采用 C_w 值校正法对井底流压进行校正后，其二项式曲线如图 3—2—2，可以利用进行无阻流量计算（表 3—2—2）。

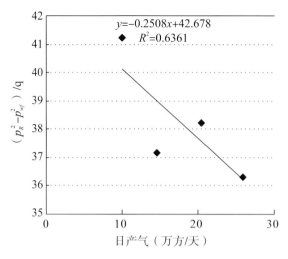

图 3－2－1 元坝 124 侧 1 井校正前二项式产能曲线

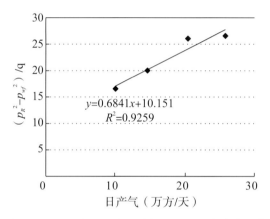

图 3－2－2 元坝 124 侧 1 井校正后二项式产能曲线

表 3－2－2 元坝长兴组气藏各井二项式产能方程及无阻流量

井名	二项式产能方程	无阻流量（万方/天）
元坝 271	$P_R^2 - P_{wf}^2 = 0.5216Q + 0.027Q^2$	401.10
元坝 205 上	$P_R^2 - P_{wf}^2 = 1.2384Q + 0.0142Q^2$	509.40
元坝 205 下	$P_R^2 - P_{wf}^2 = 0.9291Q + 0.0129Q^2$	563.50
元坝 27	$P_R^2 - P_{wf}^2 = 3.7Q + 0.0176Q^2$	408.30
元坝 103H	$P_R^2 - P_{wf}^2 = 0.067Q + 0.0126Q^2$	607.59
元坝 11	$P_R^2 - P_{wf}^2 = 42.965Q + 1.0605Q^2$	48.60
124 侧 1	$P_R^2 - P_{wf}^2 = 10.151Q + 0.6841Q^2$	74.30
元坝 10 侧 1	$P_R^2 - P_{wf}^2 = 2.0982Q + 0.1124Q^2$	191.60
元坝 273	$P_R^2 - P_{wf}^2 = 2.54452Q + 0.1466Q^2$	180.74

二、"一点法"产能

应用建立的元坝长兴组气藏的"一点法"产能方程式（3-1-15）和式（3-1-16），计算各井的无阻流量，并与由试井资料回归的二项式产能方程、陈元千"一点法"及川东北"一点法"的计算结果进行对比（表3-2-3）。

以试井资料回归的二项式产能方程计算结果作为对比标准，元坝长兴组"一点法"相对误差为0.16~39.08%，平均为12.42%；川东北"一点法"相对误差为1.43~38.84%，平均为13.42%，二者比较接近；而陈元千"一点法"相对误差为3.39~40.1%，平均相对误差为19.75%。结果表明元坝长兴组"一点法"比陈元千"一点法"计算准确度提高了7.33个百分点。

表3-2-3　三种"一点法"产能方程计算结果对比

井名	二项式无阻流量	陈元千"一点法"		川东北"一点法"		长兴组"一点法"	
		无阻流量	相对误差	无阻流量	相对误差	无阻流量	相对误差
	$10^4 m^3/d$	$10^4 m^3/d$	%	$10^4 m^3/d$	%	$10^4 m^3/d$	%
元坝271	401.12	561.96	40.10	451.97	12.68	459.36	14.52
元坝205上	509.37	604.05	18.68	495.59	2.71	502.89	1.27
元坝205下	563.51	733.77	30.21	551.02	2.22	563.3	0.04
元坝27	408.31	357.73	12.39	291.96	28.50	296.38	27.41
元坝103H	607.59	688.6	13.33	509.64	16.12	521.68	14.14
元坝10侧1	191.62	198.11	3.39	188.88	1.43	191.92	0.16
元坝273	180.74	201.06	11.24	197.66	9.36	188.34	4.2
元坝11	48.59	29.69	38.90	29.72	38.84	29.6	39.08
124侧1	74.25	67.13	9.59	67.61	8.94	66.14	10.92
平均			19.75		13.42		12.42

三、产能计算结果

针对多点测试资料的气井主要采用二项式产能评价方法，对于不能建立二项式产能方程的气井以及单点测试的气井采用前期建立的长兴组"一点法"经验公式计算气井无阻流量，其计算结果见表3-2-4所示。

表3-2-4　元坝长兴组气藏各气井无阻流量统计表

井号	井型	厚度（m）	地层压力（MPa）	井底流压（MPa）	气产量（$10^4 m^3$）	无阻流量（$10^4 m^3/d$）		
						系统测试	长兴"一点法"	核定
YB271	直井	99.5	67.48	62.58	98.82	401.12	314	314

井号	井型	厚度（m）	地层压力（MPa）	井底流压（MPa）	气产量（10⁴m³）	无阻流量（10⁴m³/d）		
						系统测试	长兴"一点法"	核定
YB27－1H	水平井	729.7	66.41	62.01	79.73	/	329	329
YB272H	水平井	665.9	64.4	57	58	/	179	179
YB27－2	定向井	117	67.51	66.65	96.63	561.00	864.77	561
YB272－1H	水平井	889.9	68.69	63.88	61.88	/	218	218
YB273	直井	58.7	67.92	64.8	84.8	358.3	233.2	233
YB27－3H	水平井	894.3	68.79	67.58	80.63	/	582	582
YB273－1H	水平井	458.9	65.18	46.2	23.12	/	27	31
YB204－1H	水平井	722.9	68.18	66.1	104.69	/	520	520
YB204－2	直井	93.2	66.42	60.22	62.55	/	172	172
YB205	直井	134.3	67.97	63.64	54	383.51	318	318
YB205－1	大斜度井	289	66.84	65.48	94.63	/	619	619
YB205－2	定向井	169.6	66	62.21	62.99	252.11	252	252
YB28	直井	70.2	69.37	62.04	41.03	129.36	129	129
YB29	直井	125	68.2	63.83	52.17	/	251	251
YB29－1	定向井	60.7	69.41	59.6	76.48	207	207	207
YB29－2H	水平井	650.4	68.34	63.22	104.5	/	363	363
YB101－1H	水平井	760	70.43	62.72	82.5	192.95	207	207
YB103－1H	水平井	568.4	68.31	62.92	91.5	290.3	290	290
YB103H	水平井	501.9	68.5	64.3	93.9	601.69	336	602
YB1－1H	水平井	365.4	68.17	64.82	50.71	198.63	199	199
YB10－1H	水平井	512.4	66.49	64.37	70.76	347	346.8	347
YB10－2H	水平井	337.7	68.31	58.44	38.8	/	91	91
YB102－1H	水平井	555	71.11	67.31	85.90	/	317	317
YB102－2H	水平井	224.7	69.5	65.23	86.57	/	254	254
YB102－3	水平井	675	68.33	63.66	75.11	281.9	260.7	282
YB102C1	定向井	61.3	68.49	40.53	24.73	35.45	32	32
YB104	定向井	31.4	68.47	57.68	64.7	157	157	157
YB121H	水平井	282.75						79.5
YB10C1	大斜度井	119.8	67.97	63.23	62.1	191.6	189	189
YB124C1	大斜度井	107.75	68.18	56.3	31.3	/	52	51.6
YB205－3	大斜度井	177.5						213

井号	井型	厚度（m）	地层压力（MPa）	井底流压（MPa）	气产量（$10^4 m^3$）	无阻流量（$10^4 m^3/d$）		
						系统测试	长兴"一点法"	核定
YB27-4	大斜度井	164.5	57.54	53.5	53.6	228	252	252

第三节 产能特征及认识

根据长兴组气藏不同井区气井的无阻流量及其分布情况，结合沉积相、沉积微相及储层参数情况明确了气藏产能分布特征，并从产能评价资料的测试条件、测试时长等情况方面分析了产能评价结果。

一、产能特征

（1）平面上产能差异较大，④、③、②号礁带储层发育，气井产能高。

对长兴组气藏投产测试的气井进行分析，见图3-3-1所示。其④、③、②号礁带测试井无阻流量较高，平均无阻流量分别为分别为 $304.9 \times 10^4 m^3/d$、$312.09 \times 10^4 m^3/d$、$324.6 \times 10^4 m^3/d$。①号礁带、礁滩叠合区、滩相无阻流量相对较低，滩相最低，无阻流量分别为 $142.4 \times 10^4 m^3/d$、$208.56 \times 10^4 m^3/d$、$59.3 \times 10^4 m^3/d$。同一礁带上顺礁带西北端气井无阻流量相对较高，东南端较低。

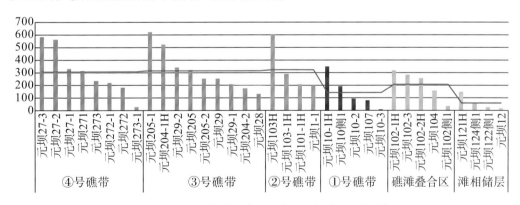

图3-3-1 长兴组气藏已进行投产测试气井无阻流量柱状图

（2）气井产能受沉积微相控制，礁相储层无阻流量最高，礁盖优于礁前/后、滩核。

根据已测试方案井无阻流量评价结果可以看出（图3-3-2所示），总体上表现为礁相储层无阻流量高于滩相，西部礁相的无阻流量比东部礁相无阻流量高。礁盖优于礁前/后、滩核。

礁相已测试井平均单井无阻流量为 $253 \times 10^4 \mathrm{m^3/d}$，滩相为 $59.28 \times 10^4 \mathrm{m^3/d}$；其中礁盖储层 26 口井平均无阻流量 $298.9 \times 10^4 \mathrm{m^3/d}$；礁前、礁后储层 5 口井平均为 $110.55 \times 10^4 \mathrm{m^3/d}$；滩相（滩核）储层 4 口井平均为 $59.28 \times 10^4 \mathrm{m^3/d}$（图 3-3-3）。

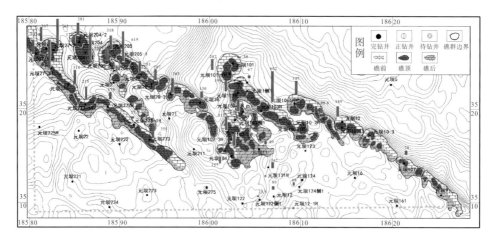

图 3-3-2　礁滩相测试井无阻流量平面分布图

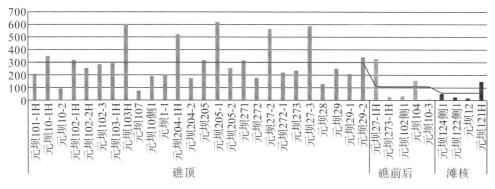

图 3-3-3　不同微相测试井无阻流量柱状分布图

（3）单井产能与Ⅰ+Ⅱ储层厚度及储能系数有明显的正相关关系。

根据元坝长兴组气藏已测试直井、水平井的测试结果，分析直井段、水平段Ⅰ、Ⅱ、Ⅲ类气层长度及储能系数与测试无阻流量的相关关系；从回归关系可以看出，无阻流量与Ⅰ+Ⅱ储层厚度及储能系数有明显的正相关关系（图 3-3-4 和图 3-3-5）。

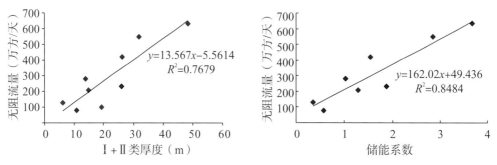

图 3-3-4　直井无阻流量与Ⅰ+Ⅱ储层厚度及储能系数关系图

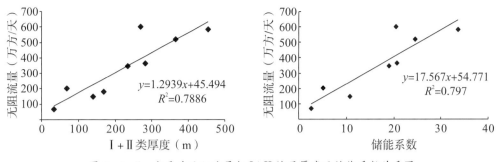

图 3-3-5　水平井无阻流量与 I+II 储层厚度及储能系数关系图

二、产能评价认识

（1）部分气井投产前压井时间长，影响了初期气井产能。

对比利用井完井测试与投产试气的产能评价结果可知，投产测试产能较前期完井测试产能低 16.4%~42.1%（表 3-3-1）。分析其原因可能是压井泥浆浸泡时间长（2.2~5.1 年），造成了井底污染严重，而酸压措施未能完全解除储层污染。

表 3-3-1　长兴组气井完井与投产测试产能对比表

井号	无阻流量（$10^4 m^3/d$）		无阻流量降低率（%）	压井时间（年）
	完井测试	投产测试		
元坝 29	376	251	33	2.5
元坝 205	549	318	42	2.3
元坝 271	420	314	25	2.2
元坝 104	209	157	25	3.5
元坝 10 侧 1	226	189	16	3.3
元坝 273	358	233	35	2
元坝 102 侧 1	78	32.91	58	5.1

（2）气井酸压后测试制度、时间局限性影响产能评价结果。

元坝目前测试气井大部分开展了酸化压裂并且多数井开展了多点及系统测试，但仅小部分井系统资料可以进行校正后建立二项式产能方程进行产能评价，大部分井无法进行系统资料校正，采用长兴组"一点法"进行产能评价。

分析其原因主要是由于长兴组气藏高含硫化氢，测试时间较短，最短仅 2h，最长测试时间也只有 9h，并且测试过程中还有放喷排液和工作制度的变化，油压稳定但井底流压处于下降阶段。由于测试时间短、流压未稳定，将造成评价的气井产能偏高。

第四节 元坝气田配产技术

一、初期配产

(一) 合理产量确定的原则

根据元坝气田地质特征，结合测试、试采评价、稳定供气要求及单井技术经济界限评价结果，确定出单井合理产量应遵循如下原则：

（1）考虑井底流入与井口流出协调，合理利用地层能量；

（2）单井产量应大于技术经济界限产量；

（3）气井应确保一定的稳产期（试采区 7~8 年，滚动区 6 年）；

（4）具边底水气井应控制采气速度，避免边水突进或底水锥进过快；

（5）产水气井合理配产应高于临界携液流量。

(二) 合理产量研究方法

在临界携液产量界限的基础上，采用采气指示曲线法、节点分析法、试采经验法、采气速度法、数值模拟法综合确定气井合理产量。

1. 采气指示曲线法

采气指示曲线确定的合理产量着重考虑的是减少气井渗流过程中的非达西流效应。以元坝 205-1 井为例，采气指示曲线法确定气井测试段不出现湍流的合理配产为 $60 \times 10^4 \mathrm{m}^3 / \mathrm{d}$（图 3-4-1）。

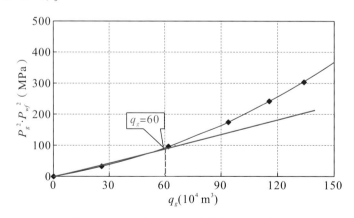

图 3-4-1 元坝 205-1 井采气指示曲线法

2. 节点分析法

气井流入、流出动态曲线在同一坐标系上的交点就是气井协调工作的合理产量，确定不同井口压力下气井协调点产量，作出井口压力和产量关系图。用切线法分析合理产量临界值，低于临界值的配产着重考虑的是减少井筒压力损失（图 3－4－2、图 3－4－3）。

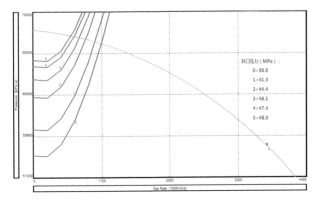

图 3－4－2　井口压力敏感性分析图（YB204－1）

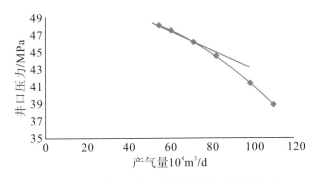

图 3－4－3　井口压力－产量曲线图（YB204－1）

3. 试采经验法

气井测试产能大小主要受产能系数 KH 值、表皮系数 S 以及地层压力 P_R 值所决定。元坝长兴组气藏多采用水平井和大规模酸压改造措施，极大改善了近井地带储层渗流能力，加之产能测试时间短，因此有必要对不同产能气井采用不同经验比例进行配产。

利用气藏两口井短期试采资料分析稳定产量与无阻流量的比例。元坝 204 井无阻流量为 $268 \times 10^4 \mathrm{m}^3/\mathrm{d}$，配产 $41 \times 10^4 \mathrm{m}^3/\mathrm{d}$ 压力稳定（图 3－4－4），稳定产量约为无阻流量的 1/7。元坝 103H 井无阻流量为 $602 \times 10^4 \mathrm{m}^3/\mathrm{d}$，焚烧试采产量 $60.69 \times 10^4 \mathrm{m}^3/\mathrm{d}$，油压稳定在 45.7MPa 左右（图 3－4－5），稳定产量约为无阻流量的 1/10。

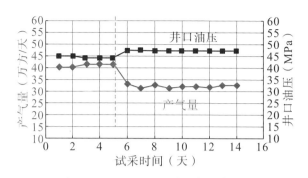

图 3－4－4 元坝 204 井短期试采曲线

图 3－4－5 元坝 103 井长兴组试采曲线

4. 采气速度法

采气速度法确定气井合理产量主要用于可能产水的气井，主要考虑的是不同水体大小、储层类型及不同程度非均质性等条件下，不同采气速度对气藏采收率的影响，以此为基础确定气井的合理配产。对于以Ⅰ、Ⅱ类储层为主的气井，如果水体规模较小，采气速度可达到 3%～4%，如果水体规模大，采气速度应控制小于 3%；对于Ⅱ、Ⅲ类储层为主的气井，水体规模较小时的采气速度为 2%～3%，对于水体规模较大的采气速度应小于 2%。

5. 数值模拟法

对测井解释有水层或者测试产水的气井建立单井模型，开展数值模拟研究，以确定其合理产量。以元坝 10－1H 井为例，三种配产下均快速见水（见水时间小于 1 年），配产越高的日产水量越大，开采中后期受产水量的影响气井停喷。综合各项指标认为，该井配产 $10 \times 10^4 m^3/d$ 更为合理，累产气最高，稳产期可达 3.8 年（表 3－4－1）。

表 3－4－1 元坝 10－1H 井不同配产条件下生产预测

配产（$10^4 m^3/d$）	稳产时间（年）	累产气（$10^8 m^3$）	最高日产水（m^3）
10	3.75	1.357	91
15	2.75	1.309	112

配产（$10^4\mathrm{m^3/d}$）	稳产时间（年）	累产气（$10^8\mathrm{m^3}$）	最高日产水（$\mathrm{m^3}$）
20	2.15	1.266	124

结合长兴组气藏实际情况，基于"气井高含硫化氢测试时间短、存在底水、Ⅲ类储层占比高达到50％"等特点，提出"高产低配"原则。为保证气井达到方案设计的稳产期，总体按无阻流量1/8配产。其中，产水气井与无阻流量高于$300\times10^4\,\mathrm{m^3/d}$的气井按无阻流量1/9～1/11配产；低于$300\times10^4\,\mathrm{m^3/d}$的气井按无阻流量1/5～1/7配产。

二、动态调产

（一）动态调产的思路

元坝长兴组气藏测试产能较高，但生物礁储层存在非均质强、平面变化快的特点。对于具有相同初期无阻流量的两口气井，其自然递减情况可以是完全不同的，这取决于供气边界的远近。如果单井控制范围大，则自然递减慢；否则将随着实际控制区块有效体积的减少而趋快。因此，在气井未投产前，利用测试资料的气井配产主要是从合理利用地层能量角度出发；而气井投产后，通过动态研究明确气井所控制的动储量情况，才有可能对稳产产量和递减情况作出预测，从而达到配产的进一步优化。

针对长兴组气藏处于开发初期的测试未投产阶段以及投产阶段，提出了气藏合理配产的思路与方法（图3－4－6）：

1. 测试未投产井

对于测试未投产井，主要基于测试获得的气井无阻流量进行合理配产，从合理利用地层能量角度，选取采气指示曲线法、节点分析法、试采经验法进行评价。同时，考虑储量以及地层水对气藏开发效果影响，引入了采气速度法和单井数模法共同确定气井的初期配产。最终确定配产约为无阻流量的1/8（产水气井与无阻流量高于300万方/天的气井按$1/9-1/11q_{AOF}$配产；低于300万方/天气井按$1/5-1/7q_{AOF}$配产）。如新增测试井元坝27－4井测试无阻流量为252万方/天，设计初期配产为50万方/天。

2. 已投产井

对于进入生产阶段的气井，合理配产思路主要从气藏地质条件与井控储量出发，确保气井（藏）能达到设计的稳产指标。针对气藏无水区、有水区采用不同的配产方法，建立气藏动态配产模型；按市场需求动态调整，优化气藏开发指标结合现阶段资料状况，主要采用压降速率法、产能方程与物质平衡联动预测法、产量不稳定分析法、数值模拟法来优化气井的合理产量。

3. 配产约束条件

在气井配产时，对于可能存在底水的气井配产要低于临界产量；已产水气井配产高于临界携液流量；高产井低于气井冲蚀流量等约束条件，综合确定气井合理配产。

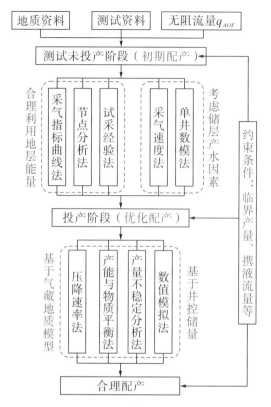

图 3-4-6　长兴组气藏合理配产技术路线图

（二）动态调产的方法

1. 压降速率法

压降速率法以气井设定的稳产时间为目标，以气井投产至少半年后压降速率控制在一定数值以下为判断标准，进行气井产能的确定。

$$压降速率标准 = \frac{气井原始压力 - 气井最低外输压力}{设定稳产年限 \times 330}$$

以元坝 205 井为例，气井配产在 $61 \times 10^4 \, \mathrm{m^3/d}$ 时井口压降下降速率约 0.014MPa/d，采用本阶段生产趋势预测产量为 $60 \sim 65 \times 10^4 \, \mathrm{m^3/d}$ 的稳产年限为 8.0~7.4 年，能达到方案设计要求（图 3-4-7）。

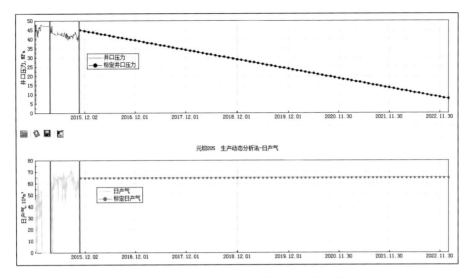

图 3-4-7 元坝 205 井压降速率法预测图

2. 数值模拟方法

在建立的三维地质模型基础上，开展数值模拟研究，进行生产历史拟合对模型进行修正调整后，进行气井不同配产情况下开发指标的预测工作，优选出采收率高、稳产期合适的气井产量即为合理配产（图 3-4-8）。

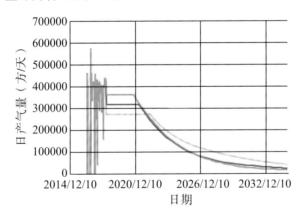

图 3-4-8 元坝 204-2 井数值模拟不同配产日产量预测曲线图

3. 临界产量法

水锥对气井的开发生产具有极大的影响。应重视底水气藏中可能出现的底水锥进的预防和控制。如果产水不超过该"临界产量"时，则水面之上的气体滞流不动而只采出水。目前计算临界产量的公式有很多种，有 Dupuit 临界产量公式、修正的 Dupuit 临界产量公式、Schols 临界产量公式、Craft-Hawkins 临界产量公式、Meyer-Gardner-Pirson 临界产量公式、Chaperon 临界产量公式、具有隔板的临界产量公式等。

根据长兴组气藏的不同气井地层情况及各个公式的假设条件与使用范围，分别选用各自适合的临界产量公式，得到气井临界产量（图 3-4-9）。

例如 Dupuit 临界产量公式：

$$q_{sc} = \frac{0.0864\pi K_g \Delta\rho_{wg}(h^2 - b^2)}{B_g\mu_g \ln\dfrac{r_e}{r_w}} \tag{3-4-1}$$

该公式的适用条件为：稳定渗流均质地层忽略毛管力并忽略因毛管力而引起的气水过渡带；气水密度及黏度为常数；渗流服从达西渗流规律。

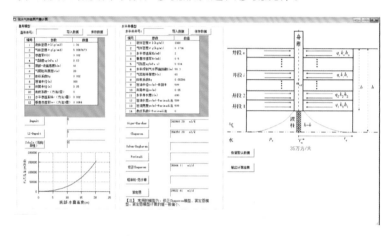

图 3-4-9 底水气井元坝 29-2 井临界产量计算界面

（三）配产优化

对于进入生产阶段的气井，合理配产思路主要从井控储量出发，确保气井（藏）能达到设计的稳产指标。由于长兴组气藏投产时间较短，井控储量还需要进一步评价，因此现阶段主要采用压降速率法与数值模拟法、产能不稳定分析等方法确定气井合理产量。

1. 无水气井

对于无水气井或礁群，主要是要充分发挥气井生产能力，保持气藏均衡开采。通过多种方法进行的配产优化研究表明，目前生产的大部分井配产比较合理，但部分气井或礁群具有提产潜力，同时也有部分气井应降低配产（见表 3-4-2）。

元坝 27-3H、元坝 271 井目前油压水平较高，均在 35MPa 以上，且关井井口压力下降分别仅为 6.65、6.38MPa，单位压降采气量分别为 7189、6176×10^4m^3/Mpa；地层压力高于相邻井区，动态储量均在 50×10^8m^4 左右，地层能量、储量均较充足；目前实际配产低于优化配产，具备进一步提产潜力。

元坝 204 礁群压力偏低，礁群地层压力下降幅度较大，采气速度达到 5.62%，开采强度大；受井间连通性影响，气井油压下降速率较快，油压水平低，动态储量评价结果可能偏大；元坝 204-1H、元坝 204-2 关井压力分别下降 16.23MPa、9.86MPa，单位压降采气量分别为 2999、1752×10^4m^3/Mpa，气井实际配产高于优化配产；气井稳产基础薄弱，宜适当降低配产以保证气井的稳产期。

因此，元坝 27-3H、元坝 271 井建议产量调高至推荐配产，充分发挥气井生产能力。元坝 204 礁群已连通，储量整体动用，两口气井配产偏高，压降偏快，建议适当调低配产。

表 3-4-2　无水区各气井优化配产表

井号	目前配产 $10^4\mathrm{m}^3/\mathrm{d}$	优化配产 $10^4\mathrm{m}^3/\mathrm{d}$	备注
元坝 27-4	/	50	
元坝 27-1H	59.24	55	
元坝 27-2	49.71	50	
元坝 27-3H	45.92	65	气井具备提产潜力
元坝 271	44.68	60	
元坝 272-1H	48.11	50	
元坝 272H	17.5	20	
元坝 273-1H	9.98	10	
元坝 273	29.76	30	
元坝 204-2	41.16	30	气井连通，压力下降快，降产
元坝 204-1H	58.68	50	
元坝 205-2	55.85	60	
元坝 205	61.82	65	
元坝 205-1	57.25	55	
元坝 205-3	34.57	30	压力下降快，降产
元坝 29	56.28	55	
元坝 102-1H	38.49	40	

2. 有水气井

有水气井包括目前生产已经产地层水的气井及根据前期地质认识或目前生产动态分析有可能产地层水的井。

前期地质认识认为可能产地层水的气井有②号礁带的元坝 103H 井和元坝 103-1H 井、③号礁带的元坝 29-2 井，以及根据目前生产动态认为有产水风险的井。针对这些可能产水的区域，应在气藏水侵早期识别基础上优化气井配产，延长气井无水采气期。

（1）产水区域。

目前生产已经产地层水的气井有①号礁带的 3 口井、②号礁带的元坝 101-1H 井、③号礁带的元坝 29-1 井及 28 井。对于这些井，需优化针对不同水体大小及地层条件，采用不同的配产及采速优化对策。主要是采用数值模拟方法，利用各种动静态资料及研究成果，在考虑气水过渡带的基础上，设置不同井区的含水饱和度；利用修正调整后的精细化数值模拟模型，预测不同产量开发指标。

元坝 10－1H 井分别配产 $20\times10^4\,m^3/d$、$10\times10^4\,m^3/d$，稳产时间分别为 2.5 年和 3.5 年，预测 20 年末的累产分别为 $4.22\times10^8\,m^3$（日产气量小于 $1.8\times10^4\,m^3/d$）和 $4.18\times10^8\,m^3$（日产气量 $2\times10^4\,m^3/d$）。

元坝 10－2H 井分别配产 $18\times10^4\,m^3/d$、$10\times10^4\,m^3/d$，稳产时间分别为 3.6 年和 4.9 年，预测期末的累产分别为 $4.07\times10^8\,m^3$（日产气量小于 $1.8\times10^4\,m^3/d$）和 $2.64\times10^8\,m^3$（到 2022 年，日产气量低于携液流量，气井过早停产）。

元坝 10 侧 1 礁群仅一口井，分别配产 $18\times10^4\,m^3/d$、$12\times10^4\,m^3/d$，稳产时间分别为 2.5 年和 5 年。配产 $20\times10^4\,m^3/d$ 时，到 2022 年末，气井停产，累产气量 $4\times10^8\,m^3$；配产 $10\times10^4\,m^3/d$ 时，到 2024 年末，气井停产，累产气量 $4.31\times10^8\,m^3$。

对于元坝 10－1H 礁群的两口气井，虽然应以低配产生产，但是对于已经产水且水气比较大的气井，如果配产过低，气井不能有效带水生产而会停产，因此配产不能过低。而元坝 10 侧 1 礁群因为两个配产下后期均由于气井不能有效带水生产而停产，但低配产下稳产期较长、稳产期末累产较多。因此，针对不同礁群、不同气井，不能一概而论，而应该根据不同的生产情况决定。

此外，因为目前产水井的指标预测取决于现有对礁带的认识及地质模型的建立，由于气水关系复杂，目前认识有限，因此预测结果有待进一步检验和修正。

（2）产水风险区域。

根据斜导眼钻遇水层或者生产动态识别出有早期水侵征兆的情况，目前认为产水风险区有元坝 YB103H 井、元坝 29－2 井；对于这类气井，需要严控采速，延长气井无水采气期。

以元坝 103H 井为例，初期气井无阻流量高（$602\times10^4\,m^3/d$），但鉴于底部有水，初期产量控制在无阻流量的 1/10 以内；且目前水侵早期识别表明该井有水侵迹象，须严格控制产量；目前配产 $52\times10^4\,m^3/d$，宜控制在 $50\times10^4\,m^3/d$ 左右（见图 3－4－10）。

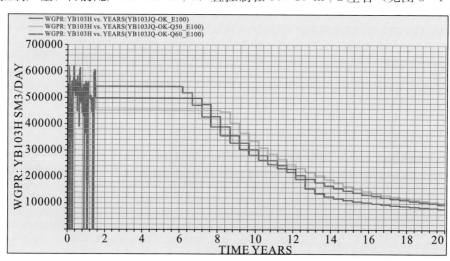

图 3－4－10　元坝 103H 井不同配产下日产气预测曲线图

由于邻井产地层水水或者邻井测试有水层区域，目前认为元坝 1－1H、元坝 102－2H、元坝 103－1H、元坝 102－3H 为产水风险井。②号礁带元坝 103H 含水、元坝 101－1H 出水，预测②号礁带整体含水，因此认为元坝 1－1H、元坝 102－2H、元坝 103－1H 为产水风险井区；礁滩叠合区元坝 104 井已出水，认为邻井元坝 102－3H 为产水风险井区。建议对产水风险井区气井维持目前配产，加强水侵识别。最终有水气井优化配产见表 3－4－3。

表 3－4－3　有水区各气井优化配产表

区域	井号	目前配产 $10^4 m^3/d$	优化配产 $10^4 m^3/d$
产水区	元坝 10－1H	20	8
	元坝 10－2H	17.6	10
	元坝 28	0	10
	元坝 10 侧 1	18.5	12
	元坝 29－1	34	30
	元坝 104	36.98	40
	元坝 101－1H	36.15	30
产水风险区（钻遇水层）	元坝 103H	51.56	50
	元坝 29－2	29.59	30
产水风险区（邻井出水或钻遇水层）	元坝 1－1H	53	50
	元坝 102－2H	44.81	40
	元坝 103－1H	27.6	30
	元坝 102－3H	38.26	35

第四章　气藏动态储量及储量动用程度评价技术

　　储量是气田开发的物质基础。动态储量的本质就是流动条件下参与渗流的地质储量，是确定气田合理生产规模、开展生产动态预测以及开发潜力评价的基础。气田的高效合理开发必须建立在对动态储量的准确掌握之上。进行动态储量综合评价研究，对于确定气田合理生产规模和开发潜力评价具有重要的意义。

　　气藏动态储量的计算贯穿于开发的整个阶段，从第一口取得工业气流的探井开始，只要取得了气井的动态参数资料，就可以进行动态储量的计算。随着开发的不断深入，所获得的气层产量、压力、温度等动态参数也在不断修正，使之更加接近地层实际情况。因此，动态储量的计算也在开发的不同阶段不断地进行修正。但是，根据不同的开发阶段、不同的气藏地质条件和实获参数的不同，需要选用不同的储量计算方法才能使所计算的储量结果更加的准确。

　　由于元坝长兴组气藏处于开发初期，获取的资料有限，且具有"产量调整频繁、气井多次开关井、生产时间较短未达到拟稳定流动"的特征，要准确计算其动态储量较为困难，因此需深入开展气藏早期动态储量计算方法研究，提高动态储量计算精度。

第一节　气藏动态储量评价方法

　　到目前为止，相关国家或行业中未给出有关"气井或气藏动态储量"的明确定义。从前人文献调研来看，动态储量主要有以下几种说法。1994年杨雅和提出"动态储量"的说法，但并未给出定义；1999年郝玉鸿将动态储量定义为"开发过程中能够参与渗流或流动的那部分天然气地质储量"；2002年，冯曦将动态储量定义为"气藏连通孔隙体积内，在现有开采技术水平条件下最终能够有效流动的气体，折算到标准条件的体积量之和"；多数研究者将动态储量简单定义为"用动态方法计算出的储量"，如物质平衡法、不稳定试井法、产量递减法、产量累积法等。

总体来讲，动态储量是个广义的概念，与"动储量""动态法地质储量"的概念类似，它具有以下特征：（1）即可指气藏，也可指单井；（2）理论上是可动的，通常小于容积法储量；（3）依据动态数据得到；（4）既包含可采储量，又包含部分非可采储量，是介于探明地质储量与技术可采储量中间的一个数值，且该参数与目前工艺水平与井网相关；（5）具有时效性。

综合以上认识，气井（藏）动态储量是利用生产动态数据，用气藏工程方法计算得到的"当气井产量等于零、波及范围内的地层压力降为1个标准大气压时"的累积产气量。

一、气藏动态储量常用计算方法

在气藏工程现有理论水平下，目前计算动态储量的成熟方法主要有物质平衡法、弹性二相法、产量累积法、不稳定试井分析法、产量不稳定分析法等。

（一）物质平衡法

物质守恒原理，Schiltuis 于 1936 年首先建立了油藏的物质平衡方程。对于气藏，物质平衡方程的建立相对比较简单，但其应用领域却很广泛。物质平衡法能够确定气藏的原始地质储量，判断气藏有无边水、底水的入侵，计算和预测气藏天然水侵量的大小，估算采收率和进行气藏动态预测等。物质平衡法只需要高压物性资料和实际生产数据，计算的方法和程序比较简单。因此，它已成为常规气藏分析方法之一，广泛应用于国内外的各气藏中。

1. 压降法

针对定容封闭气藏的物质平衡方程可以表示为

$$\frac{P}{Z} = \frac{P_i}{Z_i}(1 - \frac{G_p}{G}) \qquad\qquad (4-1-1)$$

根据上式可绘制压降储量曲线，见图 4-1-1 所示。从图中可以看出，封闭气藏生产过程中，视地层压力 P_p 与累计采气量 G_p 之间的关系为一直线，直线在 P_p 坐标轴上的截距为 P_{pi}，在 G_p 坐标轴上的截距为气藏的动态地质储量 G。因此，可以利用定容封闭性气藏压降图的外推法或线性回归分析法确定原始地质储量的大小。计算储量仅需地层压力与累积产量，且操作方便，因此被广泛应用于矿场。

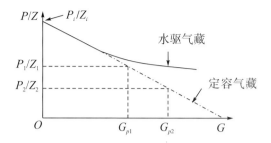

图 4-1-1 不同类型气藏的压降储量曲线

2. 流动物质平衡法

从渗流力学的角度来分析，对于一个有限外边界封闭的油气藏，当地层压力波达到地层外边界一定时间后，地层中的渗流将进入拟稳定流阶段，此时，地层中各点的压力降落速度相等并且等于一个常数，并且压降漏斗曲线将是一些平行的曲线，在井底亦然，由此得到启示，根据气藏物质平衡方程，若在同一张坐标中作视地层压力 P/Z 与累积产量 G_p 的关系曲线以及流动压力 P_{wf}/Z 与累积产量 G_p 的关系曲线，它们也应该相互平行，见图 4-1-2 所示。同时，当 $G_p=0$ 时，P_{wf} 即为静压，所以利用"流动物质平衡方程"也可以求解气藏动态储量。

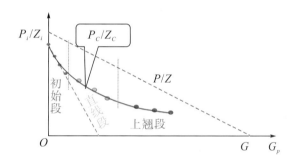

图 4-1-2 "流动物质平衡方程"求解地质储量示意图

根据气井各开采阶段井口视地层压力与单井累积采出气量，建立单井流动物质平衡（压降）曲线，过原始视地层压力点作压降线的平行线，再根据该直线方程方可求解动态储量 G。

$$\frac{p_c}{Z_c} = a' - \frac{p_i}{Z_i G}G_p = a' - bG_p \qquad (4-1-2)$$

$$\frac{p}{Z} = \frac{p_i}{Z_i} - \frac{p_i}{Z_i G}G_p = a - bG_p \qquad (4-1-3)$$

式中：p_c、Z_c—— 分别为井口油压与油压相对应的天然气偏差因子；

a'—— $p_c/Z_c \sim G_p$ 关系曲线中直线段的截距。

对于非均质性极强，或裂缝发育不均匀的气藏。压降线（流动）常出现三段（初始段、直线段和上翘段）。可能由于初期产量大，采气速度高，但低渗区补给速度不足，形成初始段陡降。而后期采气速度低、产量减少，低渗区补给相对增高，形成末段上翘。在计算储量时，选用中期直线段，通过原始视地层压力点作直线段的平行线，与横轴相交求得储量。

（二）弹性二相法

对有限封闭的气藏，当气井以稳定产量生产时，井底压降曲线一般可分为不稳定早期、不稳定晚期和拟稳定期三个阶段，见图 4-1-3 所示。

压力降落曲线的拟稳定期，如图中第Ⅲ阶段，地层压降相对稳定，地层中任一点压降速度相同，称为弹性二相阶段，主要用于气藏开发进入拟稳态以后。在进行测试时，最好有观察井进行测压。当生产井和观察井的压力下降曲线同时出现两条平行直线时，天然气渗流就达到了拟稳定状态。根据压力降落，试井的压力变化可得：

$$p_{wf}^2 = p_r^2 - \frac{2q_g p_r t}{GC_t} - \frac{8.48 \times 10^{-3} q_g \mu_g p_{sc} ZT}{KhT_{sc}} \left[\lg(\frac{r_e}{r_w}) - 0.326 + 0.435S \right]$$

$$(4-1-4)$$

令

$$a = p_r^2 - \frac{2q_g p_r t}{GC_t} - \frac{8.48 \times 10^{-3} q_g \mu_g p_{sc} ZT}{KhT_{sc}} \left[\lg(\frac{r_e}{r_w}) - 0.326 + 0.435S \right]$$

$$(4-1-5)$$

$$b = \frac{2q_g p_r}{GC_t} \qquad (4-1-6)$$

则

$$p_{wf}^2 = a - bt \qquad (4-1-7)$$

从上式可以看出，当达到拟稳定流时，p_{wf} 与 t 呈直线关系。因此可以根据直线的斜率来计算储量，即

$$G = \frac{2q_g p_r}{bC_t} \qquad (4-1-8)$$

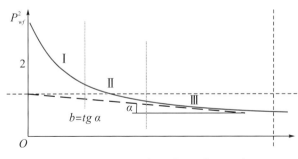

图 4-1-3　拟稳态下弹性二相法曲线

（三）产量累计法

根据气藏（井）产量的资料统计，累计产量 G_p 随时间变化的关系符合下列经验

公式：

$$G_p = a - \frac{b}{t} \qquad\qquad (4-1-9)$$

式中：a，b 为系数。

由上式可以看出，当 $t \to \infty$ 时，$\frac{b}{t} \to 0$，则 $G_p = a$，$G_p - t$ 的关系曲线趋近于水平线，此时的 a 值即为所求的储量 G，故上式可变为：

$$G_p t = at - b \qquad\qquad (4-1-10)$$

此式为一线性方程，$G_p t$ 和 t 为直线关系，如图 $4-1-4$ 所示，直线斜率 a，则为所求的储量 G。

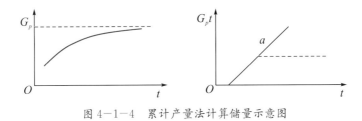

图 $4-1-4$　累计产量法计算储量示意图

产量累计法计算动态储量是基于累计产量随时间变化的规律建立的，仅需要产量数据，计算过程比较简单，易于操作，这就给矿场实际操作带来了很大方便。根据生产实际资料的运算和检验，当气井在无控制生产的情况下或气藏采出程度大于 50%，气井或裂缝系统内产量发生正常持续递减时，该法比较适用。另外，在计算时不考虑气藏水侵因素的影响，对于处于开发后期的有水气藏来讲，产量累计法是一种比较方便和适用的方法，且该法需要气井长期不能关井。因此，在控制单井稳产、陆续补充开发井而使气藏产量上升的开发早期阶段不适用。

（四）不稳定试井方法

气田开发过程中从探井到生产井都会做压力恢复试井、探边试井等一系列的不稳定试井，通过试井拟合解释（图 $4-1-5$），可以确定气井井控制范围内的地层参数、井的完善程度、推算目前的地层压力和判断气藏的边界情况等，从而进一步确定气井动态储量。

针对试井解释存在的"多样性、多解性、复杂性"问题，建立的"全程历史拟合约束"的试井分析技术可大大提高资料的利用率、降低试井解释结果的多解性，还可估算单井动态储量。该方法本质是物质平衡，即短期试井与长期生产动态相结合，估算气井的控制范围，用容积法计算单井动态储量。对于双对数曲线有边界反应的，直接用容积法计算储量；双对数曲线无边界反映，可采用反褶积方法、无限逼近方法确定边界，然后用容积法计算压力波及范围内的动态储量。

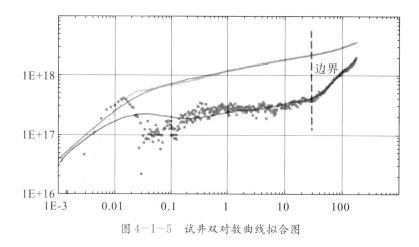

图 4-1-5　试井双对数曲线拟合图

（五）产量不稳定分析方法

利用气井日常生产数据，以"典型图版拟合法"为核心的现代生产动态分析技术，主要有 Blasingame、Agarwal-Gardner、规整化压力积分（NPI）等。上述方法可以处理变压力、变产量等复杂数据，当生产达到拟稳定状态或边界控制流动阶段时，计算结果的不确定性会大大降低。

Blasingame 典型曲线拟合是产量不稳定分析法中最常用的一种，如图 4-1-6 所示。所谓典型图版拟合分析，就是实际压力 Δp 和时间 Δt 曲线与理论无因次压力 p_D 和时间 t_D 曲线相匹配，或实际产量 Δq（累积产量 ΔQ）和时间 Δt 曲线与理论无因次产量 q_D（累积产量 Q_D）和时间 t_D 曲线相匹配。再由此计算相应储层参数。它所依据的是在确定的模型中实际曲线和理论曲线具有相同的形状。其工作过程是用实际资料绘制 Δp—Δt、Δq—Δt 或 ΔQ—Δt 双对数图，并将这个图重叠在适当的理论典型曲线图版上，平行移动寻找一个最好的匹配点，利用匹配点的 Δp、p_D、Δt、t_D 或 Δq、q_D、Δt、t_D 或 ΔQ、Q_D、Δt、t_D 计算参数，对于不同的模型有不同的形式。其计算公式如下：

产量积分曲线：

$$q_I = \frac{1}{t_{ca}} \int_0^{t_{ca}} \frac{q}{\Delta p_p} \mathrm{d}t \qquad (4-1-11)$$

产量积分导数曲线：

$$q_{id} = t_{ca} \frac{\mathrm{d}q_I}{\mathrm{d}t_{ca}} \qquad (4-1-12)$$

无因次产量：

$$q_{Dd} = \frac{q}{\Delta p_p} \left(\frac{1.417e^6 \cdot T}{kh} \right) \left(\ln \left(\frac{r_e}{r_{wa}} \right)_{match} - \frac{1}{2} \right) \qquad (4-1-13)$$

无因次时间：

$$t_{Dd} = \frac{0.006328kt_{ca}}{\frac{1}{2}\varphi\mu_i c_{ti} r_{wa}^2 \left(\left(\frac{r_e}{r_{wa}} \right)_{match}^2 - 1 \right) \left(\ln \left(\frac{r_e}{r_{wa}} \right)_{match} - \frac{1}{2} \right)} \qquad (4-1-14)$$

Arps 与 Fetkovich 方法适用条件分别为定压生产＋边界控制流动、定产生产＋封闭边界，而元坝长兴组气藏生产井为非定产、非定产状态，因此不适用。Blasingame、A−G 方法、NPI 方法适用于变产量、变压力的复杂生产状况，可应用于元坝长兴组气藏（井）动态储量的评价（表 4−1−1）。

虽然以上 3 种计算方法可应用于长兴组气藏，但 3 种计算方法存在差异。Blasingame 与 AG 方法是利用拟压力规整化产量和物质平衡拟时间建立典型递减曲线图版，而 NPI 方法则是利用产量规整化压力的积分形式与物质平衡拟时间的曲线图版。

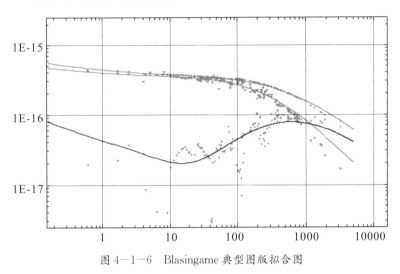

图 4−1−6 Blasingame 典型图版拟合图

表 4−1−1 产量不稳定分析方法评价表

序号	发展阶段		计算方法	适用条件	实际情况	结论
1	经验法		Arps	定压生产＋边界控制流动	非定压、非定产生产	不适用
2	曲线拟合	经典方法	Fetkovich	定产生产＋封闭边界		不适用
3		现代方法	Blasingame	边界控制流动		适用
4			AG（Agarwal−Gardner）			适用
5			NPI（规整化压力积分）			适用

综合常用动态储量计算方法研究可知：不同的开发阶段、不同的气藏地质条件和实获参数的不同，需要选用不同的储量计算方法才能使所计算的储量结果更加的准确。其不同方法的适用条件、适用开发阶段以及适用单井（元）情况见表 4−1−2。

表 4−1−2 可采储量计算外推法评价表

序号	计算方法	适用条件	开发阶段	单井	单元	实际情况	结论
1	压降法	至少 3 个静压测试点	$R>0.1$，稳产期、递减期	√	√	目前未开展地层压力监测	不适用
2	流动物质平衡法	要求达到拟稳定流动状态	稳产期、递减期	√	√	非定压、非定产生产	部分适用

序号	计算方法	适用条件	开发阶段	单井	单元	实际情况	结论
3	弹性二相法	定产生产＋边界控制	上升期	√		产量调节频繁	多数井不适用
4	产量递减法	定压生产	递减期	√	√	稳产期	不适用
5	改进衰减法	有较长时间累积产量数据	递减期	√	√	稳产期	不适用
6	预测模型法	有较长的时间年产数据	递减期	√	√	稳产期	不适用
7	数值模拟法	地质模型	各时期	√	√	主要依靠静态资料建立的地质模型、精度不高	不适用
8	类比法	对于未投产或开发时间较短的新区及资料缺乏的老区	早期	√	√	/	不适用
9	不稳定试井法	气井需进行压力恢复测试	各时期	√	√	目前投产井开展压力恢复测试井较少	适用
10	不稳定产量分析法	边界控制流动（除Arps、Fetkovich）	各时期	√	√	非定压、非定产生产	适用（除Arps、Fetkovich）
11	新方法	控制范围未受到邻井干扰	各时期	√	√	非定压、非定产生产	适用

二、元坝气田动态储量计算方法

元坝长兴组气藏处于开发初期的上产与稳产阶段，气井生产具有"产量调整频繁、气井多次开关井、部分井生产时间较短未达到拟稳定流动"等特征，且根据连通性研究成果，目前气藏多个井区存在连通，需分别开展元坝气田单井与连通单元动态储量计算与评价。

（一）单井动态储量计算方法

由于长兴组气藏埋藏深（±7000m）、高含硫化氢（5.5％）、以水平井为主，气藏地层压力监测困难，现阶段相应的动态监测工作开展少，大部分井不能应用稳定试井分析方法计算动态储量计算；且气藏投产后，受用户市场的影响，产量调节频繁，大部分井不满足弹性二相法的要求；Arps与Fetkovich方法适用条件分别为定压生产＋边界控制流动、定产生产＋封闭边界，而元坝长兴组气藏生产井为非定产、非定产状态，因此不适用。

利用气井日常生产数据，以"典型图版拟合法"为核心的产量不稳定分析技术，可以处理变压力、变产量等复杂数据，当生产达到拟稳定状态或边界控制流动阶段时，计算结果的不确定性会大大降低。对于采出程度超过10％的气井，可增加压降法开展元坝长兴组气藏（井）动态储量评价。

针对不稳定分析开展长兴组气藏投产井动态储量计算与评价，其基本流程为：

（1）建立气井储量计算的基础参数表，包括储层性质、流体性质、井筒计算参数、日产数据等。

（2）开展井底压力计算，主要包括地层压力与井底流动压力折算。

气井（藏）原始地层压力主要采用同一礁带（礁群）的邻井地层压力系数折算到气藏中部。由于长兴组气藏多数气井无井底流压数据，需用油压折算到井底。为了提高储量计算精度，井底压力计算需充分考虑井斜角、多变径管柱、井筒温度以及多相管流等影响因素。

（3）数据审查与整理。对气井生产数据进行质量审查，删除生产中的异常数据以及双对数曲线中的异常点。

（4）模型诊断与拟合。采用产量不稳定分析法（Blasingame、A－G、NPI 方法），主要将实际数据与模型理论图版进行拟合，求取相关参数。生产历史拟合方法，先要利用 Log－Log 曲线分析储层类型与边界，然后进行生产历史拟合。此外，开展生产历史拟合要尽量选择数据相对平稳的阶段，要提取流动段作为初始点，避免数据发生较大跳跃的点。

针对压降法开展长兴组气藏投产井动态储量计算与评价，主要采用井口折算地层静压增加拟合点数，井口压力恢复是否达到稳定与关井时间和储层的渗透性相关，高渗区压力恢复较快，低渗区压力恢复较慢，故关井井口压力折算地层压力选取时应当尽量选择关井时间长、井口压力稳定的数据点，同时根据拟合相关性对偏离直线的点进行筛选，提高动态储量评价精度。

（二）连通单元动态储量计算方法

目前气藏存在 4 个连通井区（元坝 27 井区、204 井区、205－29 井区、103 井区），对于连通单元动态储量应考虑成一个压降单元来计算。对于已经出现井间连通的气井，由于井间干扰的存在，气井组单井计算动态储量往往存在储量的叠加，计算值通常较实际井组动态储量偏大，故应将连通的气井组考虑成一个压降单元进行计算。

若一个连通单元的所有气井均保持稳定生产，一段时间后，各井干扰结束，连通单元内将建立新的平衡压降漏斗，整个单元将进入拟稳定流动状态，此时，连通单元等同于一口"虚拟井"生产，见图 4－1－7 所示，因此，连通单元的动态储量计算等同于对一口单井（虚拟井）进行动态储量计算。

"虚拟井"产量等于连通单元所有气井产量之和，即：

$$q = \sum_{m=1}^{m=n} q_m \qquad (4-1-15)$$

"虚拟井"压力采用日产量加权平均法处理，即：

$$p_{wf} = \frac{q_1}{\sum\limits_{m=1}^{m=n} q_m} \times p_{wf1} + \frac{q_2}{\sum\limits_{m=1}^{m=n} q_m} \times p_{wf2} + \cdots + \frac{q_m}{\sum\limits_{m=1}^{m=n} q_m} \times p_{wfm} \qquad (4-1-16)$$

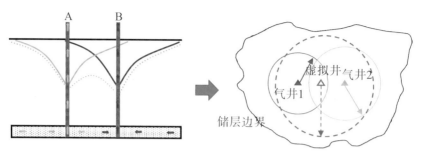

图 4-1-7 "虚拟井"法确定动态储量示意图

该方法计算动态储量的关键在于判断井组是否进入拟稳定流动阶段（图 4-1-8），然后利用气井拟稳定流动阶段建立的压降曲线，将其平移至原始地层压力即可得到连通井组的动态储量（图 4-1-9）。

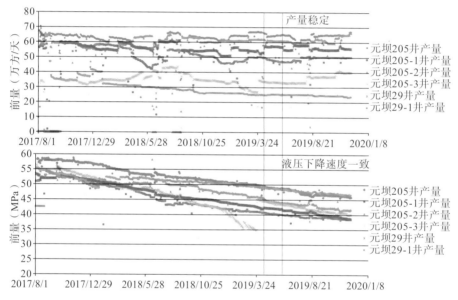

图 4-1-8 元坝 205 井组井底流压与产量图

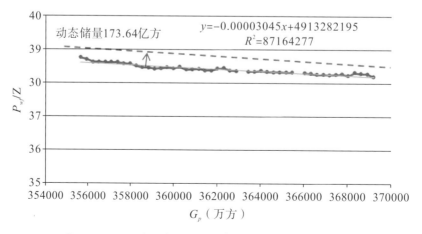

图 4-1-9 流动物质平衡法计算元坝 205 井组动态储量图

持续开展元坝 205 井区动态储量评价，2017 年主要采用单井方法进行评价合计动态储量为 $187.07 \times 10^8 \text{m}^3$，2018 年根据连通性研究成果将 205 礁群分为 205 井区和 29 井区，进行分开评价动态储量为 $174.72 \times 10^8 \text{m}^3$，2019 年将 205 礁群作为一个整体连通单元计算，采用连通单元动态储量计算方法评价动态储量为 $173.64 \times 10^8 \text{m}^3$，较去年采用两个单元评价相差不大，减少 $1.08 \times 10^8 \text{m}^3$（表 4-1-3），符合气藏地质认识以及生产动态特征。当气井之间存在连通时，采用单井方法评价动态储量已不再适宜，评价结果偏大，应开展连通单元统一评价。

表 4-1-3　元坝 205 礁群不同时间动态储量表

井号	动态储量（10^8m^3）		
	2017 年	2018 年	2019 年
元坝 205	56.96	114.68	173.64
元坝 205-1	30.4		
元坝 205-2	28.9		
元坝 205-3	9.68		
元坝 29	35.86	60.04	
元坝 29-1	25.27		
合计	187.07	174.72	173.64

第二节　气藏动态储量评价

分别以单井与连通单元对元坝长兴组气藏投产井动态储量进行计算，见图 4-2-1、图 4-2-2 所示。结果表明：投产井总体储量规模较大，6 口单井动态储量 $118.06 \times 10^8 \text{m}^3$，平均单井动态储量 $19.68 \times 10^8 \text{m}^3$；4 个连通单元动态储量 $486.7 \times 10^8 \text{m}^3$，平均单井动态储量 $30.36 \times 10^8 \text{m}^3$；8 口产水井动态储量 $105.01 \times 10^8 \text{m}^3$，平均单井动态储量 $13.13 \times 10^8 \text{m}^3$。投产井总体储量规模较大，30 口井动态储量动态储量 $709.77 \times 10^8 \text{m}^3$，平均单井动态储量 $23.66 \times 10^8 \text{m}^3$，动态储量大的井多分布于③、④号礁带高部位，与地质认识相符。

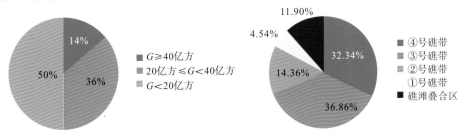

图 4-2-1　元坝长兴组气井动态储量分布情况

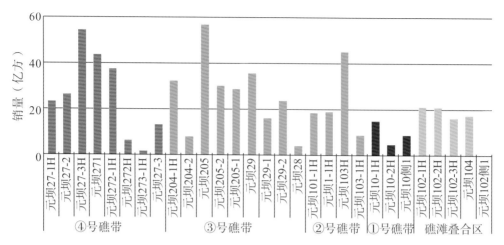

图4-2-2 元坝长兴组投产井动态储量分布柱状图

通过对比近三年气藏动态储量变化（图4-2-3），可以看出气藏动态储量在初期呈现上升趋势，主要原因为生产时间不足，远区的储集体或三类储层可能未动用，造成前期储量计算相对偏小；随着生产时间的持续，后期动态储量基本保持平稳，其原因是生产时间长，泄气半径基本达到边界，储量增加幅度有限，整体符合生物礁气藏动态储量变化规律（图4-2-4）。现有生产井存在部分早期水侵，表现出一个能量补充的特征，后期见水后动态储量会呈现下降，故现有识别出早期水侵的气井动态储量后期会进一步减少（如元坝29-2、元坝103H等井）。

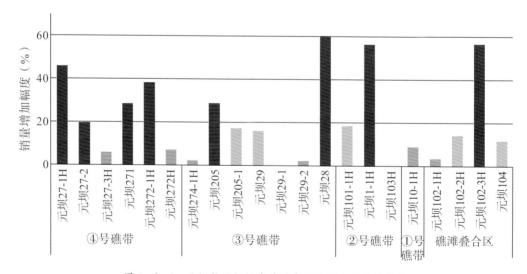

图4-2-3 元坝长兴组投产井动态储量增加幅度柱状图

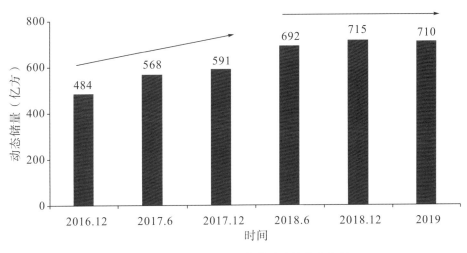

图 4-2-4　元坝长兴组气藏动态储量变化图

第三节　气藏储量动用程度分析

元坝长兴组气藏共分为 10 个开发单元（不含滩区）其地质储量为 $980.98 \times 10^8 m^3$，通过利用单井与连通单元动态储量计算方法评价元坝长兴组气藏动态储量为 $709.77 \times 10^8 m^3$（不含滩区），占地质储量的 68.29%。

从礁带（区）来看，整体上储量动用较充分，其中③号礁带动用最充分达到 73.11%，②号礁带 101 礁群最低为 38.72%；从开发单元来看，多数礁群储量动用程度较高（＞70％），部分区域受储层非均质性强、井网控制局限以及产水影响，动用相对较差，主要位于以下区域：④号礁带元坝 272H～273-1H 井区、元坝 273 井区西南端、②号礁带 103-1H 西南端、礁滩叠合区东部，由于储层非均质性强，井网控制局限，储量动用差；③号礁带元坝 28 井区、②号礁带元坝 101 井区、①号礁带，受产水影响，动用程度较低，见图 4-3-1 所示与表 4-3-1 所示。

表 4-3-1　元坝长兴组气藏分开发单元储量状况表

区块	开发单元	地质储量 $(10^8 m^3)$	动态储量 $(10^8 m^3)$	动静比 （％）	备注
④号礁带	元坝 27 礁群	312.66	222.27	71.09	
	元坝 273 礁群	84.6	36.92	43.64	储层较差

续表4-3-1

区块	开发单元	地质储量 （10⁸m³）	动态储量 （10⁸m³）	动静比 （%）	备注
③号礁带	204礁群	52.63	39.07	74.24	
	205礁群	211.56	173.64	82.08	
	29-2礁群	25.58	21.26	83.11	
	28礁群	8.66	4.36	50.35	产水
②号礁带	101礁群	44.81	17.35	38.72	产水
	103礁群	130.81	89.01	68.05	
①号礁带	10-1H礁群	29.24	13.94	47.67	产水
	10侧1礁群	16.18	8.18	50.56	产水
礁滩叠合区	叠合区	122.56	83.77	68.35	
合计		1039.29	709.77	68.29	

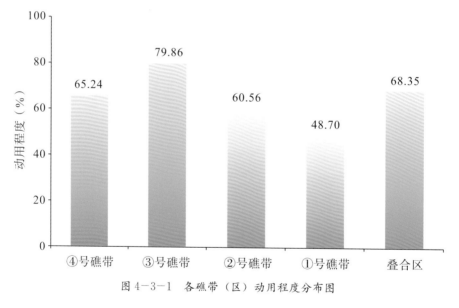

图4-3-1 各礁带（区）动用程度分布图

通过前文动态储量的计算成果，并结合生物礁储层实际地质展布特征，采用等效泄气半径法，刻画了气井控制范围（图4-3-2），其目前长兴组气藏生产等效泄气半径为：329～1650m。结合元坝长兴组气藏长时间投产气井的储量动用情况以及小礁体的细刻画成果（图4-3-3），深入分析7个储量动用程度差的区域：273井区东南端由于目前元坝273井已产出地层水，该区域还需要进一步研究；②号礁带东南端，由于②号礁带认为目前存在底水，但水体大小、分布尚不明确，还需进一步分析。综上所述目前认为下步具有开发潜力的区域主要分布于以下位置：④号礁带元坝272H～273-1H井区与礁滩叠合区东部。

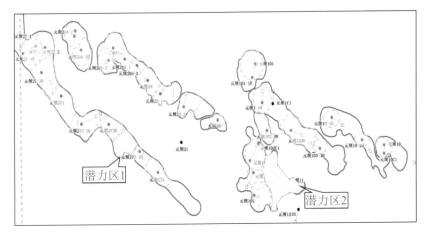

图 4-3-2 元坝长兴组气藏气井泄气半径分布图

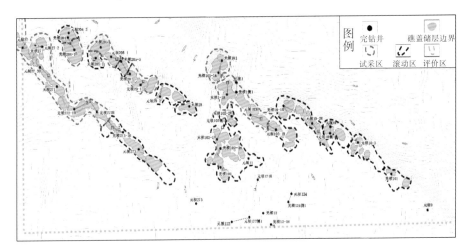

图 4-3-3 元坝长兴组气藏小礁体精细刻画图

第五章 水侵动态评价技术

在水驱气藏的开发过程中，随着气层压力的下降，导致边（底）水的侵入而造成的气井出水，不仅会增加气藏的开发开采难度，而且会造成气井产能的损失，降低气藏采收率，影响气藏开发效益。因此，针对元坝长兴组气藏实际地质特征，分析气藏产水井特征，开展对气藏水侵早期识别研究、分析水侵动态特征及产出水规律，从而及时地、有针对性地采取对应防水、堵水措施，延长气藏无水产气期，有效地提高采收率，无疑具有重要的意义。

第一节 气藏产水井动态特征

元坝气田长兴组气藏产水井主要分布在构造相对低部位，其中：产水量在 $50m^3/d$ 以下的气井有 4 口，均连续稳定生产，日产气 $137 \times 10^4 m^3/d$，日产水 $184m^3/d$；产水量大于 $50m^3/d$ 的气井有 6 口（长关 4 口），日产气 $16.6 \times 10^4 m^3/d$，日产水 $133 m^3/d$（表 5-1-1）。产水井日产气 $153.6 \times 10^4 m^3/d$，占气藏稳定生产产量（$1100 \times 10^4 m^3/d$）的 13.9%。

表5—1—1　元坝气田长兴组气藏产水井生产情况

井号	油压（MPa）	日产气量（$10^4 m^3/d$）	日产水量（m^3/d）	水气比（$m^3/10^4 m^3$）	累产气（$10^4 m^3$）	累产水（m^3）	无水产气时间（d）	备注
元坝10—1H	27.8	6.5	71.03	10.9	10355.2	47102.7	/	
元坝10—2H	32.06	10.15	62.89	6.2	7275.4	23258.2	/	
元坝10—侧1	关井				14197.39	27392.20	321	高产水井
元坝28	关井				9418.53	14193.81	124	
元坝121H	40.13	关井			531.99	1994	/	
元坝124C1	44.95	关井			20.04	114	/	
元坝29—1	23.85	24.3	46.35	1.91	56122.2	35417.2	980	低产水井
元坝101—1H	22.76	19.4	42.73	2.2	57620.6	36114.4	773	
元坝102—1H	25.51	39.63	36.09	0.91	45826.1	21644.1	224	
元坝104	25.51	29.41	43.99	1.5	48932.5	31980.3	780	
元坝273	32.42	24.6	15.6	0.63	30700.1	6808.01	928	

一、压力产量特征

高产水井由于不断摸索合理工作制度，产量调整比较频繁，目前各井产量都在10万方以下。油压下降速率也随产量的变化而变化，在不同产量下压降速率差距较大，以元坝10—1H井为例，该井自2018年9月份以来，共进行了8次产量调整（图5—1—1），产量在$15×10^4 m^3/d$及以上时，气井压降速率高达0.08~0.2MPa/d，随着产量的降低，压降速率明显减缓，当产量低于$10×10^4 m^3/d$时，压降速率低于0.02MPa/d（表5—1—2）。

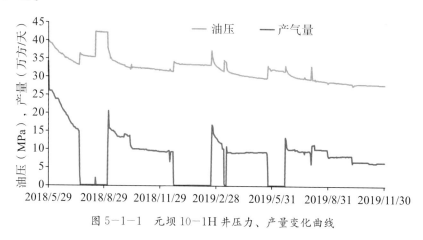

图5—1—1　元坝10—1H井压力、产量变化曲线

表 5－1－2　元坝 10－1H 井不同阶段产量及压力变化情况

序号	产量（×10⁴m³/d）	油压（MPa）	压降速率（MPa/d）
1	26↓15	39.3↓33.5	0.13
2	15↓13	34.9↓32.4	0.08
3	10	32.5↓31.5	0.016
4	15↓11	35.01↓31.9	0.2
5	9	31.3↓29.7	0.028
6	10	30.7↓29.62	0.032
7	8	28.75↓28.23	0.015
8	6.5	28.02↓27.84	0.003

低产水井在出水后均主动下调了产量，并保持稳定的工作制度生产，4 口低产水井产水前日产量 $165 \times 10^4 m^3/d$，产水后日产量 $114 \times 10^4 m^3/d$，总计下降约 $51 \times 10^4 m^3/d$。产水后气井压降速率与产水前相比，无明显的增加趋势，均低于 0.01MPa/d，见表 5－1－3 所示。

表 5－1－3　低产水井出水前后产量及压降速率对比表

井号	出水前		出水后	
	产量（10⁴m³/d）	压降速率（MPa/d）	产量（10⁴m³/d）	压降速率（MPa/d）
元坝 29－1	40	0.01	25（↓15）	0.009
元坝 101－1H	45	0.008	20（↓25）	0.006
元坝 102－1H	40	0.016	39	0.016
元坝 104	40	0.01	30（↓10）	0.008

例如元坝 29－1 井，2014 年 12 月投产，日产气 $40 \times 10^4 m^3/d$，压降速率 0.016MPa/d，有较长的无水采气期，2016 年 9 月配产 $40 \times 10^4 m^3/d$，压降速率 0.01MPa/d。2018 年 1 月气井开始产水，逐步下调产量至 $25 \times 10^4 m^3/d$，压降速率 0.01 MPa/d，产水量、水气比在近一年基本保持稳定，日产水 46m³/d，水气比 1.9 m³/10⁴m³，见图 5－1－2。

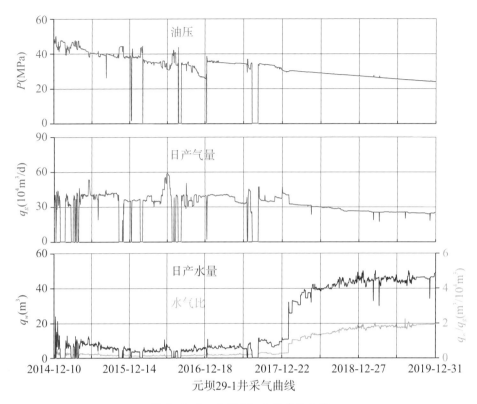

图 5－1－2　元坝 29－1 井采气曲线

二、产水量、水气比特征

从气井产水量的变化来看，目前产水量较产水初期均有较大幅度的增加，但与 2018 年底相比基本持平，说明产水井在近一年时间内产水量保持相对稳定。高产水井、低产水井通过不断地摸索和调控，均达到了较好的控水效果。仅元坝 102－1H 井目前产水量较 2018 年底有明显的增加，从 23m³/d 增加到 36m³/d（表 5－1－4）。

表 5－1－4　产水井不同阶段产水量对比表

井号	初期产水量 （m³/d）	2018 年底产水量 （m³/d）	2019 年底产水量 （m³/d）
元坝 10－1H	40	76.6	70
元坝 10－2H	35	58	60
元坝 10 侧 1	25	75	80
元坝 101－1H	19	45	45
元坝 104	15	45	44
元坝 29－1	10	45	45
元坝 102－1H	21	23	36

以各井出水初始时间为横坐标原点，作水气比与时间的关系曲线，可分为三种类型：第一类为水气比上升缓慢型，采用一次方方程可以很好地描述趋势线，称作一次方型；第二类为水气比快速上升，需采用三次方以上的方程描述趋势线，称作多次方型；第三种介于两者之间，可以采用二次方方程描述趋势线，称为二次方型。3 种出水类型反映了 3 种水侵特征，是不同储层物性特征的体现。水气比上升越快，表明井区储层非均一性越强，反之，水气比上升平缓，表明井区储层较均一。

长兴组气藏有效生产时间较长的 8 口产水井水气比与时间的关系主要有两种：高产水井符合二次方型特征，低产水井符合一次方型特征，见图 5-1-3 所示。

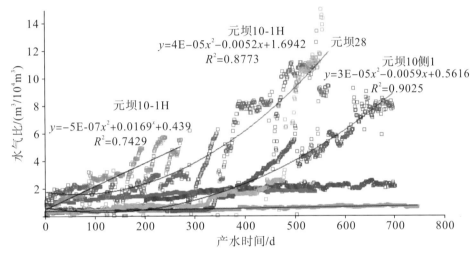

图 5-1-3　长兴组气藏产水井水气比变化图

继续深入分析气井水气比变化规律发现，高产水井水气比为"二次方+直线"式变化（图 5-1-4），初期呈现二次方快速增加的趋势，但在后期均呈现稳定的趋势，也就是说通过不断调控，可以使高产水井的水气比维持在一个稳定的水平，从而遏制住水气比二次方型快速增长的趋势。

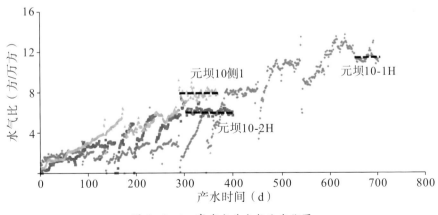

图 5-1-4　高产水井水气比变化图

对于低产水井来说，水气比变化呈现"多段直线型"变化（图5-1-5），元坝101-1H、元坝29-1和元坝104均出现两段式变化，后期直线斜率低于前期直线斜率，表明水气比增加趋势变缓。元坝102-1H水气比呈现三段阶梯式变化，每一段水气比保持相对稳定，第一段直线水气比稳定在$0.35m^3/10^4m^3$，第二段直线水气比稳定在$0.6-0.7\ m^3/10^4m^3$，第三段直线水气比稳定在$0.9\ m^3/10^4m^3$。

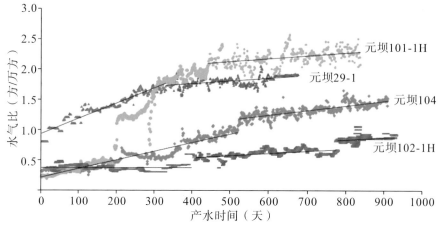

图5-1-5　低产水井水气比变化图

三、地层水水化学特征

元坝长兴组气藏中地层水的阳离子（Na^+、K^+、Ca^{2+}、Mg^{2+}）含量差异较大，以Na^+离子为主，见表5-1-5所示。通常情况下Na^+、K^+是分不开的，但Na^+离子含量占Na^+、K^+总含量的97%左右，钠盐具有很高溶解度和很强的迁移性能，以及钠离子（Na^+）不易被黏土吸附，则在储层水中的含量相对较多，占阳离子总量的90%；而钾离子（K^+）迁移性能弱，且易被土壤和岩石吸附，故地下水中钾离子（K^+）含量相对较少。长兴组主要为海相碳酸盐岩沉积，同时也伴有极少碎屑岩沉积，其部分易被岩石、矿物和黏土所吸附，因此地层水中Ca^{2+}含量相对较低，占阳离子总量的5%-10%；Mg^{2+}物理化学性质与Ca^{2+}相似，同时长兴组气藏储层为白云岩，白云岩化作用越强，作用时间越长，Mg^{2+}含量越低，占阳离子总量的0.4%。

表5-1-5　长兴组气藏地层水阳离子含量表

井号	K^+Na^+ (mg/L)	Ca^{2+} (mg/L)	Mg^{2+} (mg/L)	总和 (mg/L)	K^+Na^+ (%)	Ca^{2+} (%)	Mg^{2+} (%)
元坝28井	16700	1469.3	64.53	18233.83	91.59	8.06	0.35
元坝10-1H	13841	924.4	60.75	14826.15	93.36	6.23	0.41
元坝10侧1	16216	1328	58.5	17602.5	92.12	7.54	0.33
元坝101-1H	15694	992.6	55.1	16741.7	93.74	5.93	0.33

井号	K⁺ Na⁺ （mg/L）	Ca²⁺ （mg/L）	Mg²⁺ （mg/L）	总和 （mg/L）	K⁺ Na⁺ （%）	Ca²⁺ （%）	Mg²⁺ （%）
元坝29-1	13513	593.1	42	14148.1	95.51	4.19	0.30
元坝102-1H	12380	1530.8	63.8	13974.6	88.59	10.95	0.46
元坝104	14257	1706.3	86.2	16049.5	88.83	10.63	0.54

长兴组气藏地层水中阴离子主要以 Cl^- 为主，见表5-1-6所示。Cl^- 有很强的迁移性能，它的钠、镁、钙盐的溶解度都很高，且不易被黏土或其他矿物表面吸附，在油气储层水中的含量相对较多，占阴离子总量的90%左右；仅含微量的 SO_4^{2-} 离子，硫酸根的含量常受细菌活动和水中钙、钡等离子含量以及 pH 值的影响，而地层水阳离子中含有较多的 Ca^{2+}，因此 SO_4^{2-} 必定是极少的。

表5-1-6　长兴组气藏地层水阴离子含量表

井号	Cl⁻ （mg/L）	HCO₃⁻ （mg/L）	SO₄²⁻ （mg/L）	总和 （mg/L）	Cl⁻ （%）	HCO₃⁻ （%）	SO₄²⁻ （%）
元坝28井	25890	2658.2	47.7	28595.9	90.54	9.30	0.17
元坝10-1H	20568	2564	71.28	23203.28	88.64	11.05	0.31
元坝10侧1	25668	3103	117.8	28888.8	88.85	10.74	0.41
元坝101-1H	23978.5	3444	135.1	27557.6	87.01	12.50	0.49
元坝29-1	18935	4138.3	171.9	23245.2	81.46	17.80	0.74
元坝102-1H	20735	2088.9	170.6	22994.5	90.17	9.08	0.74
元坝104	24313	2484	192	26989	90.08	9.20	0.71

产水井矿化度在 40000～50000mg/L 区间，井与井之间矿化度存在一定差异，但差异较小，见表5-1-7所示。

表5-1-7　产水井矿化度统计表

井号	矿化度（mg/L）	井号	矿化度（mg/L）
元坝28井	51026	元坝29-1	40377
元坝10-1H	41623	元坝102-1H	40155
元坝10侧1	48947	元坝104	50041
元坝101-1H	48503	/	/

从长兴组气藏地层水水样分析结果来看，见表5-1-8所示，按苏林分类为 $CaCl_2$ 型，按舒卡列夫分类所有井都为 Cl-Na-Ca 型，说明长兴组气藏保存环境较为封闭，油气保存条件好。

表 5－1－8　长兴组气藏地层水水型特征

井号	水型	
	苏林型	舒卡列夫型
元坝 28	$CaCl_2$	$Cl-Na-Ca$
元坝 29－1	$CaCl_2$	$Cl-Na-Ca$
元坝 101－1H	$CaCl_2$	$Cl-Na-Ca$
元坝 10－1H	$CaCl_2$	$Cl-Na-Ca$
元坝 10－2H	$CaCl_2$	$Cl-Na-Ca$
元坝 10 侧 1	$CaCl_2$	$Cl-Na-Ca$
元坝 104	$CaCl_2$	$Cl-Na-Ca$
元坝 102－1H	$CaCl_2$	$Cl-Na-Ca$
元坝 121H	$CaCl_2$	$Cl-Na-Ca$

第二节　气水分布模式与水侵模式

对天然气藏而言，气水分布模式直接影响气井的生产特征，同时也影响气井的见水时间和水侵强度，明确气藏的气水分布模式与水侵模式，是认识气藏水侵规律及制定产水井控水措施的关键。

一、气水分布模式

通过对不同流动单元气水分布、气井生产动态特征等特征研究，将元坝长兴组气藏礁相区流动单元归纳为 4 种类型，见图 5－2－1 所示。

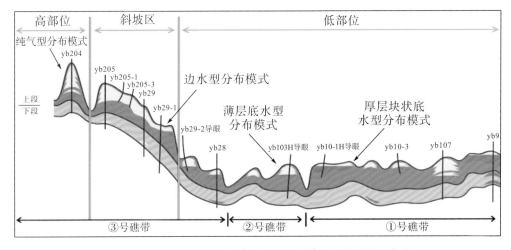

图 5－2－1　元坝长兴组气藏礁相区流动单元类型划分示意图

（1）纯气型：位于高部位，该类连通单元无可动水，以元坝 204、元坝 205－元坝 29 井区长兴上段礁相储层为代表；

（2）边水型：位于气藏类斜坡区，储渗体横向连通性好，呈层状展布，边部水体发育；

（3）薄层状底水型：位于气藏低部位，该类连通单元储层横向连通性差，在储渗体底部发育薄层底水，水体垂厚小于 15m，以元坝 103 井长兴组上段礁相储层底部为典型代表；

（4）厚层块状底水型：位于气藏低部位，该类连通单元储层横向连通性较差，在储渗体底部发育厚层底水，水体垂厚大于 15m，以元坝 28、元坝 10－1H 井长兴上段礁相储层为代表。

目前气藏主要存在纯气型、薄层状底水型、厚层块状底水型三类类型，见表 5－2－1 所示。

表 5－2－1　元坝长兴组气藏礁相区流动单元类型划分表

连通单元	气水分布类型	特点
④号礁带、204 礁群、102－2H 礁群	纯气型	高部位，不发育边底水
205 至 29－1 礁群	边水型	类斜坡区，储层横向连通性好，呈层状展布，边部发育水体
29－2 礁群、101 礁群、103H 礁群 10 侧 1 礁群、叠合区	薄层状底水型	低部位，储层横向连通性较差，底部水体垂厚小于 15m
28 礁群、10－1H 礁群	厚层状底水型	低部位，储层横向连通性较差，底部水体垂厚大于 15m

通过对元坝长兴组气藏礁相气水分布特征及分布模式研究，认为主要受 4 方面因素控制：

（一）构造位置

宏观上气藏气水分布受构造控制，构造高部位发育气层，构造低部位发育气水同层（图 5－2－2、图 5－2－3）。长兴气藏沿台地边缘方向气藏剖面可以划分为 3 个区：高部位、斜坡区、低部位。高部位是整个气藏最高部位，发育纯气层，不发育边底水，如图中元坝 27 及元坝 204 井区；斜坡区是高部位与低部位的过渡带，构造幅度由高部位向低部位降低，容易形成上气下水的气水分布特征；低部位是整个气藏构造位置较低的部位，储层几乎都含水，且以底水为主，如③号礁带元坝 29－2 井区、元坝 28 井区以及元坝 103H 井区、元坝 10－1H 井区、元坝 10－3 井区、元坝 107 井区、元坝 9 井区。原因分析：由于整个气藏在成藏时中气源不足，天然气在侧向和垂向运移过程中，一些构造低部位仅仅作为天然气运移过程中的驿站，而不是最终的聚集地，易发育气水同层。斜坡区构造相对高部位基本为气，相对低部位可能发育水。整个气藏构造最高位置由于气体供给相对充足，对原始地层水的排驱相对充分，为纯气层。

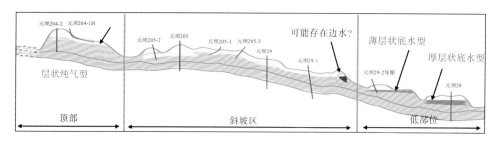

图 5-2-2 ③号礁带气水分布模式图

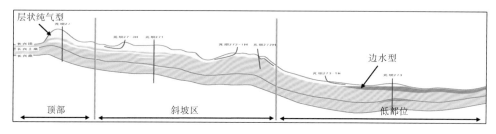

图 5-2-3 ④号礁带气水分布模式图

（二）储渗体形态

元坝长兴组气藏多数表现为底水的特征，②号礁带构造幅度不大，目前认为主体区顶部晚期生物礁储层横向连通性较好，仅长兴组上段早期生物礁储层存在底水，如元坝 103H 井区（图 5-2-4）；①号礁带构造幅度不大，储层厚度大，横向连通性差，储集体为厚层块状，容易形成底水分布特征（图 5-2-5）。

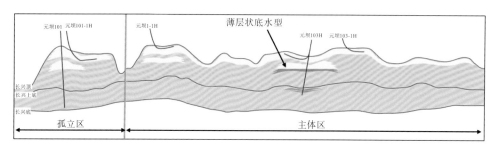

图 5-2-4 ②号礁带气水分布模式图

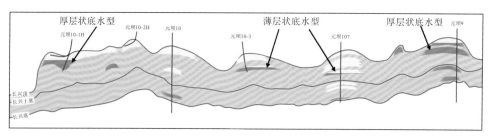

图 5-2-5 ①号礁带气水分布模式图

（三）气源情况

气源充足与否对气水分布的控制是显而易见的，如果气源充足，即使在构造低部位的储渗体在成藏过程中也能很充分的排干原始地层水，形成纯气藏；相反如果气源不足，即使在构造高部位的优质储渗体也会因没有充足的天然气驱替原始地层水而形成水层。

（四）储渗体物性

在气源不足的条件下，天然气优先聚集在优质储渗体中，继而向更高位置的储渗体运移，而物性较差的储渗体其地层水始终无法排出，从而形成水层（图5-2-6）。

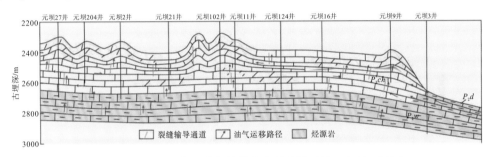

图5-2-6 元坝气田油气输导体系剖面图（据王良军，2014）

二、水侵模式

基于成像测井和岩心观测、气水分布特征及水体大小，利用生产动态、试井等分析手段，综合确定元坝底水气藏水侵模式。

（一）储层裂缝特征

1. 裂缝成因类型

根据岩心及薄片资料可知，元坝地区长兴组礁滩相储层天然裂缝较为发育。按照裂缝的成因分类，该区的裂缝类型主要分为构造裂缝和成岩裂缝两大类，其中构造裂缝包括剪切裂缝和张性裂缝，成岩裂缝包括溶蚀缝、构造-溶蚀缝以及压溶缝等类型（图5-2-7、图5-2-8）。

构造剪切裂缝是元坝地区最主要裂缝类型之一，岩心观察这类裂缝缝面平直光滑、分布规则、产状稳定，常成组出现，缝宽大多较为均匀，偶见雁列式排列及共轭剪切现象，有些裂缝缝面上还可见擦痕和微小陡坎；镜下观察剪切裂缝分布较为规则，常见两组或两组以上不同产状裂缝相互切割和限制，不同组裂缝之间还常表现出充填上的差异性。岩心观察张性裂缝与剪切裂缝特征明显不同，张性裂缝一般延伸较短，产状不稳定，缝面较为粗糙且多开口，缝宽不均匀，缝面上无擦痕及陡坎现象，镜下观察这类裂缝常绕过较大的矿物颗粒，缝面表现出不规则的形态。

　　溶蚀缝在该区的发育也较为普遍，岩心及薄片上显示溶蚀缝形态不规则，常呈漏斗状、蛇曲状、港湾状、树枝状等形态，缝面粗糙；薄片还可见一类沿颗粒边缘发育的溶蚀裂缝，可称之为粒缘溶缝。构造－溶蚀缝则是在已有的构造裂缝基础上，由于酸性水介质的作用，使裂缝面发生溶蚀，改造了构造裂缝使其加长、加宽或加深，致使缝面不平整，虽然这类裂缝经过溶蚀作用后改变了作为溶道的原有构造缝的形态，但仍可辨别原构造缝的形状和分布。压溶缝在该区也较为常见，主要分为两类，一类是粒缘压溶缝，镜下观察这类裂缝主要分布在生屑及矿物晶体外缘，由于受到强烈的压实和压溶作用而形成，裂缝沿颗粒外缘呈断续分布或多个相邻颗粒边缘的压溶缝相互连通构成网状；另一类为缝合线构造，岩心显示缝合线一般呈不规则波状或锯齿状，大部分与岩心层面平行或近平行，也有一些呈小角度（一般小于40°）斜交，平面上一般贯穿整个岩心，纵向起伏较小，一般小于5 cm。

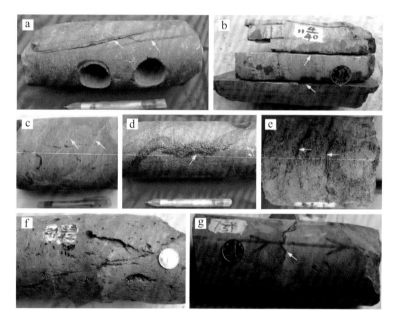

图5－2－7　岩心观察元坝地区长兴组礁滩相储层裂缝特征

　　a、灰色生物碎屑微晶灰岩，岩心可见一组缝面规则的高角度剪切裂缝；b、灰色生物碎屑微晶云灰岩，可见一组相互平行且近直立的高角度剪切缝；c、灰色含生物碎屑微晶灰岩，岩心可见多条被方解石充填的倾斜剪切缝；d、灰色生物碎屑云岩，岩心可见一条被有机质全充填的张性裂缝；e、灰色含云生屑灰岩，岩心可见两条水平裂缝；f、浅灰色粉－细晶云岩，岩心显示一组呈雁列式排列的高角度剪切裂缝（粉色箭头所指）与溶蚀缝（蓝色箭头所指）相交；g、浅灰色含云灰岩，可见一条被有机质全充填的缝合线。

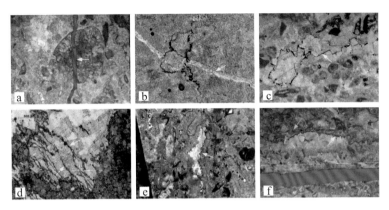

图 5-2-8 薄片观察元坝地区长兴组礁滩相储层裂缝特征

a、泥晶生物灰岩，构造裂缝，无矿物充填（被红色铸体充填），单偏光，5×10 倍；b、云质灰岩，黄色箭头指示一条被方解石半充填构造裂缝，蓝色箭头指示被沥青全充填的压溶缝，且构造裂缝与压溶缝相交，单偏光；c、泥晶生物灰岩，发育一条被沥青全充填的粒缘溶缝，单偏光，5×10 倍；d、溶孔白云岩，发育多条构造-溶蚀缝，被方解石部分充填，单偏光；e、溶孔细晶白云岩，方解石充填溶蚀缝，边部被白云岩化，单偏光；f、泥晶生物灰岩，黄色箭头指示由于压溶作用沿颗粒边缘发育的粒缘压溶缝，蓝色箭头指示构造缝，单偏光，5×10 倍。

2. 构造裂缝参数特征

根据 11 口井岩心裂缝描述及 10 口成像测井资料裂缝解释成果统计，按照裂缝倾角可将元坝地区构造裂缝分为高角度裂缝（60°≤裂缝倾角）、斜交缝（20°≤裂缝倾角≤60°）和水平裂缝（裂缝倾角≤20°），其中岩心统计裂缝倾角分布与成像测井结果基本保持一致（图 5-2-9）。据成像测井资料可知，总体上构造裂缝以 NE-SE 向裂缝为主，同时发育少量近 N-W 向和 NE-SW 向裂缝，其中①号礁带元坝 9 井裂缝走向为近 S-N 向及 NE-SW 向，少量 NW-SE 向裂缝；②号礁带以 NNW-SSE 向裂缝为主，其次为 NE-SE 向，元坝 1 井处 NEE-SWW 向裂缝较发育；③号礁带以 NW-SE 向裂缝为主，其次为 E-W 向、元坝 11 井发育少量 NE-SW 向裂缝；④号礁带以 NW-SE 向裂缝为主，其次为 E-W 向、其他走向裂缝较少（图 5-2-10）。总体上裂缝倾向主要为 SW 向和 NE 向，同时发育少量向西和向东倾向裂缝，其中①号礁带井元坝 9 裂缝倾向以 NW 倾向、NE 倾向及东倾为主；②号礁带以 SW 倾向和 NE 倾向为主，101 井有一部分裂缝以西倾为主；③号礁带倾向较杂乱，其中以南倾、NWW 倾向和 NE 倾向为主；④号礁带北部以 SW 倾向为主，南部主要为 NE 倾向（图 5-2-11）。

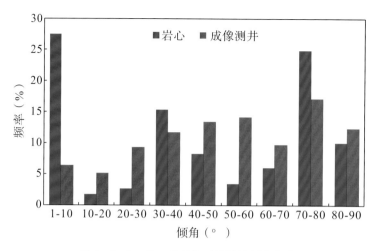

图 5-2-9　岩心及成像测井裂缝倾角分布

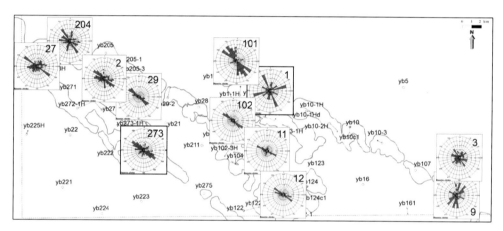

图 5-2-10　成像测井解释不同井天然裂缝走向玫瑰花图

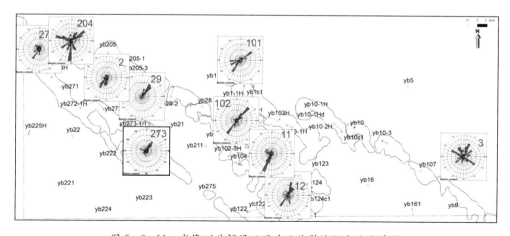

图 5-2-11　成像测井解释不同井天然裂缝倾向玫瑰花图

　　裂缝规模上，主要包括裂缝高度和裂缝长度，岩心一般不能观察到裂缝的全貌，只有当井筒轴线与裂缝纵向延伸一致时才能完整地测量裂缝的纵向高度。通过岩心裂缝描述统计可知，绝大多数裂缝长度小于 20 cm（占 82.9%）；大于 20 cm 的裂缝占 17.1%，且绝大多数为高角度构造裂缝（图 5-2-12）。露头可观察到裂缝规模的全貌，通过对川东北盘龙洞长兴组露头进行观察，可知绝大多数构造裂缝高度小于 20 m，部分裂缝纵向高度较大，可达数十米，推算裂缝平面延伸长度分布在 110 m 以内（图 5-2-13）。

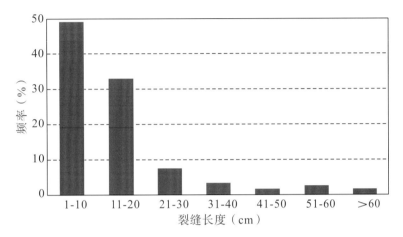

图 5-2-12　岩心统计裂缝长度分布频率图

图 5-2-13　盘龙洞露头观察长兴组剖面裂缝特征

　　元坝地区长兴组礁滩相储层发育多种类型天然裂缝，这些裂缝能否起到储集空间或渗流通道的作用关键在于各类裂缝是否有效，而储层中不同类型裂缝的有效性差异也决定了储层渗流机制的差异性，因此需要对各类裂缝进行有效性研究。元坝地区不同类型天然裂缝的充填情况主要分为四类，即全充填（既不能起储集空间作用，也不能起渗流通道作用，为无效裂缝）、半-全充填（能够起储集空间作用，但不能起有效渗流通道作用，有效性较差）、半充填（能够起储集空间作用，部分能够起渗流通道作用，有效性一般）和未充填（能够同时起到较好的储集空间和渗流通道作用，有效性最好），反映了裂缝的有效性依次变好。统计该区所有岩心观察到的裂缝的充填情况来看，其中全充填裂缝数量占 43.1%，半-全充填裂缝占 28.2%，半充填裂缝占 4.8%，未充填裂缝占 23.9%，反映了该区一半以上数量的裂缝为有效裂缝，占 56.9%（图5-2-14）；统计各类裂缝的充填矿物类型及分布来看，主要有 5 种充填物类型，其中被白云石充填裂缝数量占 2.7%、被方解石充填裂缝数量占 15.2%、被石英充填裂缝占 1%、被泥质充填裂缝占 8%，被有机质（主要为沥青）充填裂缝数量占 73.1%（图5-2-15）。

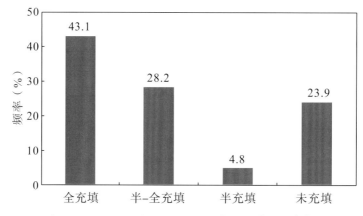

图 5-2-14　元坝地区长兴组礁滩相储层裂缝充填情况

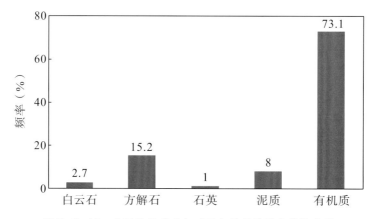

图 5-2-15　元坝地区长兴组礁滩相储层裂缝充填物类型

依据上述分析可以总体上了解元坝地区天然裂缝的有效性情况，但不能明确不同类型裂缝有效性的分布情况。岩心能够较为直观地对规模相对较大的构造裂缝和缝合线参数进行描述，根据统计，不同特征裂缝的充填情况具有较大差异性，其中高角度构造裂缝中非全充填缝占 63.1%（其中未充填缝和半充填缝占 49.3%），斜交缝中非全充填缝占 59.6%（其中未充填缝和半充填缝占 14.9%），水平裂缝中非全充填缝占73.5%（其中未充填缝和半充填缝占 30.1%），缝合线中非全充填缝占 6%（其中未充填缝和半充填缝仅占 2%），反映了储层中高角度缝有效性最好，其次为水平缝，再次为斜交缝，而缝合线有效性最差（图 5－2－16）。统计各类裂缝充填物的分布（图 5－2－17），不同类型裂缝中均有 60% 以上的裂缝被有机质充填，说明各类型裂缝在曾经的油气运移中均起到了储集空间和渗流通道的作用；但值得注意的是，岩心观察不同类型构造裂缝中有一部分被方解石充填，而缝合线中未见到方解石充填，这说明这类构造裂缝的形成可能早于烃类充注期，而缝合线的形成与烃类充注同期；此外，不同类型构造裂缝中有相当一部分裂缝没有被充填，这类裂缝的形成时间最晚，且有效性最好，对现今的气藏开发具有重要影响。

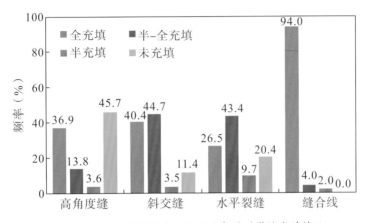

图 5－2－16　元坝地区长兴组礁滩相储层裂缝充填情况

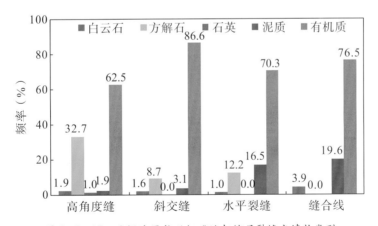

图 5－2－17　元坝地区长兴组礁滩相储层裂缝充填物类型

开度方面，通过岩心可以直观地对裂缝开度进行测量，但存在一定误差，一般测量精度为 0.05 mm 左右。由于裂缝在地下受到静岩围压、地层流体压力、现今地应力等综合作用，张开度较小，当岩心自地下取至地面时经历了压力释放，裂缝开度有所增大，岩心上实测裂缝开度和裂缝充填脉宽度不能代表裂缝地下保存状态下的真实开度，但仍能从一定程度上反映裂缝地下张开度的相对大小级，主要分布在 5 mm 以内（占 98.1%），平均裂缝宽度为 1.22 mm，反映出裂缝有效性较好（图 5－2－18）。

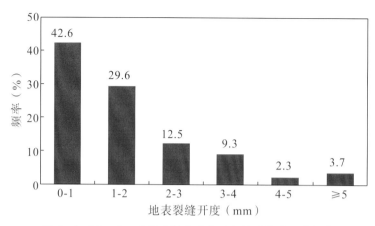

图 5−2−18 岩心观察元坝地区长兴组储层裂缝开度分布

通过成像测井的影像特征也可以对天然裂缝及其开度进行有效识别。构造裂缝在动态图像上往往表现出一条正弦或余弦曲线特征，连续性较好，若裂缝显示为黑褐色，则表明此类裂缝未被方解石等高阻矿物完全充填，属于高导缝，为有效裂缝，但不排除部分裂缝被低阻泥质充填的可能性。元坝地区长兴组多数高导缝属于开启缝，计算并统计成像测井解释地下裂缝开度主要分布在 $70\mu m$ 以内，少数裂缝开度可达 $200\mu m$ 以上，地下裂缝平均开度为 $13.38\mu m$（图 5−2−19），这与地表岩心裂缝开度相差 1～2 个数量级。构造缝中高角度缝、斜交缝与水平缝的开度分布略有差异，在开度小于 $20\mu m$ 的范围内，高角度缝占 59%，斜交缝占 76.6%（图 5−2−20），水平缝占 100%，而在开度大于 $20\mu m$ 的范围内，高角度缝所占比例要大于斜交缝。此外，统计发现不同走向构造裂缝的开度也存在一定差异，同样的，在开度小于 $20\mu m$ 的范围内，NE−SW 向裂缝的比例相对较高，而在开度大于 $20\mu m$ 的范围内，NW−SE 向和近 E−W 向裂缝的比例相对较高，说明总体上 NE−SW 向裂缝开度要比 NW−SE 向及近 E−W 向裂缝开度小（图 5−2−21）。不同类型及走向裂缝的开度差异性影响了流体渗流的各向异性，这在研究储层性质及渗流特征时需要引起注意。

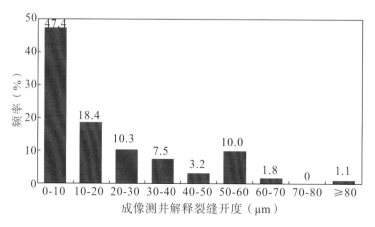

图 5−2−19 成像测井解释元坝地区长兴组储层裂缝开度分布

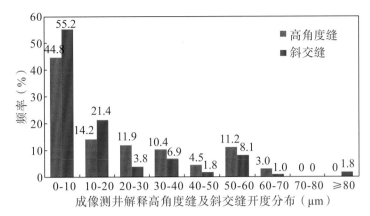

图 5-2-20 成像测井解释元坝地区长兴组储层高角度缝及斜交缝开度分布

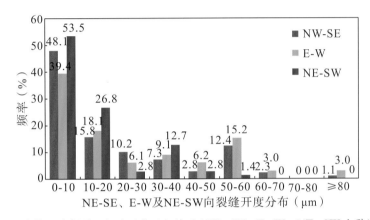

图 5-2-21 成像测井解释元坝地区长兴组储层 NW—SE、E—W、NE—SW 向裂缝开度分布

3. 常规测井裂缝识别

根据岩心裂缝观察并与成像测井和常规测井进行标定，可以初步评价单井裂缝发育规律，但并不是每一口井都能够取心，这就需要采取其他方法来评价非取心井的裂缝分布规律。成像测井能够较为直观的识别井壁周围的裂缝，但由于其成本较高，不能够普遍使用，资料也较为有限，利用较为廉价且资料齐全的常规测井识别裂缝便成了重要手段。结合岩心和成像测井资料，利用常规测井资料通过综合分形维数法（DFA）对长兴组礁滩相储层裂缝进行评价，识别率可达 90%。

通过对研究区取心井分别识别礁、滩储层裂缝发育段与非裂缝发育段的测井响应特征进行交会分析发现，该区常规测井对裂缝的响应特征比较明显（图 5-2-22～图 5-2-25），利用上述各测井系列对裂缝的响应识别裂缝虽然具有可行性，但由于这种响应一般存在多解性而可操作性不高，如何将各测井系列对裂缝的响应放大并剔除非裂缝的响应便成为有效解释裂缝的关键。为此，根据常规测井系列对裂缝的敏感性，选取自然伽马、补偿密度、声波时差、地层电阻率、中子及井径等，并构建岩石孔隙结构指数、三孔隙度比值、深浅电阻率比值、井径相对异常、自然电位异常、微电阻率差比、声波时差差比、相对声波时差、相对体积密度、相对中子测井值等特征参数，依据岩心分析和成像测井解释结果，分析各测井系列及特征参数对裂缝的响应特征，确定不同测井系列及特征参数权系数，采用综合分形维数（DFA）法对研究区储层裂缝进行识别。采用上述法对②号礁带 4 口取心井进行裂缝识别，并将解释结果与岩心裂缝观察结果相比较，符合率可达 90%（图 5—2—26），说明该方法识别礁滩储层裂缝是较为可靠的。

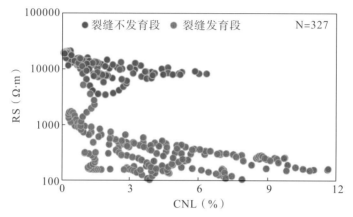

图 5—2—22　元坝 101 井礁盖储层裂缝发育段与裂缝不发育段 RS 与 CNL 测井交会图

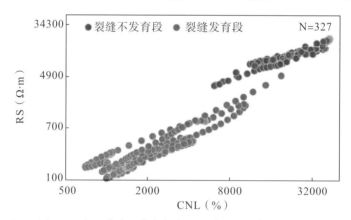

图 5—2—23　元坝 101 井礁盖储层裂缝发育段与裂缝不发育段 RS 与 RD 测井交会图

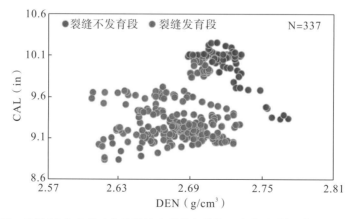

图 5—2—24　元坝 12 井生屑滩储层裂缝发育段与裂缝不发育段 CAL 与 DEN 测井交会图

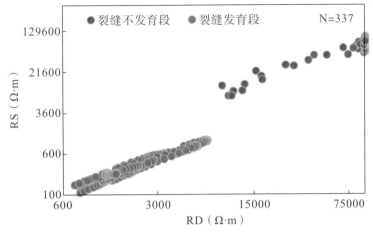

图 5-2-25 元坝 12 井生屑滩储层裂缝发育段与裂缝不发育段 RS 与 RD 测井交会图

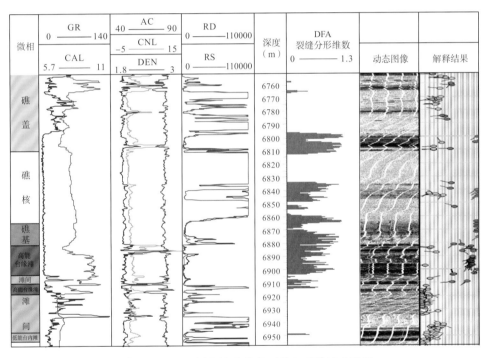

图 5-2-26 元坝 11 井常规测井识别裂缝成果图

（二）气藏水体体积计算

对于边底水油气藏，边底水在其开发过程中起着十分重要的作用。边底水存在有利与不利两方面的影响。一方面，边底水锥进会造成油井过早产水，降低产能，影响采收率。另一方面，随着生产的进行，地层压力降低，压力降低波及水体，边底水的体积膨胀，驱动油气运动，减慢地层压力降低，提高采收率。

对于边底水问题，以前主要关注其临界产量、见水时间、含水率上升等问题。近年来，开始关注水体大小问题，边底水对油气的驱动和对含水率的影响都与其大小相关，求取边底水体积大小对油气藏开发很有必要。边底水水体的大小常用水体倍数表征，它是边底水与地下油气的体积之比。目前求解水体倍数的方法有容积法、物质平衡法、非稳态水侵法、数值模拟法。其中非稳态水侵法适用于均质油藏，对于非均质性特别强的缝洞型碳酸盐岩油藏不太适用。容积法、物质平衡法和数值模拟法对非均质油藏也适用。每种方法都有其适用条件，在不同的情况下需要选择不同的方法进行求解。

容积法是指根据油藏地质资料，确定圈闭中储存的油气和水的地下体积，然后根据两者的体积计算水体倍数。该方法需要确定构造圈闭面积、储层的平均有效厚度、孔隙度和油气藏的含油面积、油层的平均有效厚度、束缚水饱和度等静态地质参数。

元坝长兴组气藏各礁带礁体呈独立气水系统分布特征，采用静态容积法分别针对各礁体计算水体和气体体积，水体倍数等，见表 5－2－2。

表 5－2－2　元坝长兴组气藏含水井区水体计算表

区域	天然气储量 （$10^8 m^3$）	地下天然气体积 （$10^4 m^3$）	水体体积 （$10^4 m^3$）	水体倍数
元坝 29－2 井区	19.51	552.69	190.69	0.35
元坝 28 井区	6.37	180.45	111.50	0.62
元坝 103H 井区	158.05	4581.16	1276.50	0.28
元坝 10－1H 井区	42.74	1260.77	3715.47	2.95
元坝 121H	2.54	74.93	36.00	0.48
元坝 124 侧 1	10.11	298.23	156.46	0.52
元坝 10 侧 1	23.1	681.41	1162.04	1.71

（三）气藏水侵模式

基于成像测井和岩心观测、气水分布特征及水体大小，利用生产动态、试井等分析手段，确定元坝底水气藏存在两种水侵方式：丘型水侵、锥型水侵。

丘型水侵：气藏裂缝不发育，水侵前缘呈弧状推进，水侵速度慢，气井产水量小，且上升缓慢，见水时间长，水侵量大（图 5－2－27）。锥型水侵：气藏存在微裂缝及部分纵切缝，微观上底水沿裂缝上窜，宏观上呈水锥推进，气井见水后气水比上升较快。见水时间短，水侵量小（图 5－2－28）。

基于成像测井和岩心观测、气水分布特征及水体大小，利用生产动态、试井等分析手段，并利用数值模拟技术，确定元坝底水气藏存在两种水侵方式：丘型水侵、窜型水侵。

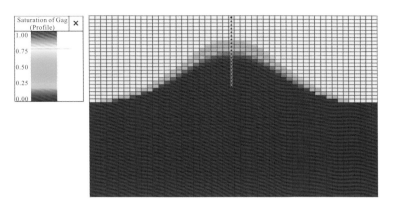

图 5-2-27　丘型水侵示意图

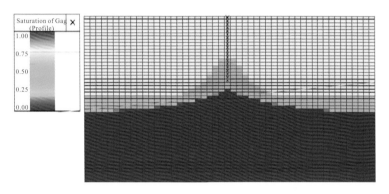

图 5-2-28　窜型水侵示意图

　　丘型水侵：气藏裂缝不发育，水侵前缘呈弧状推进，水侵速度慢，气井产水量小，且上升缓慢，见水时间长，水侵量大；窜型水侵：气藏存在微裂缝及部分纵切缝，微观上底水沿裂缝上窜，宏观上呈水锥推进，气井见水后气水比上升较快。见水时间短，水侵量小。

第三节　水侵早期识别

　　水侵动态的准确判断，特别是早期水侵识别，判断气藏是否会发生水侵，从而及时地、有针对性地采取对应措施，做好防水和治水的准备，是气藏高产稳产的关键因素，是主动有效地开发气藏的基础。

一、水侵早期识别方法

　　在水驱气藏中，目前水侵的识别方法很多，其中常用的主要有产出水分析、物质平衡法、生产动态判别法等，但鉴于不同的水侵识别方法的适用范围以及同一气藏的共性，需对不同的水侵识别方法进行分析，优选有效识别复杂生物礁气藏的水侵识别方法。

（一）气井产出水识别水侵

一般情况下，在水驱气藏开发中，气井在产气的同时，也有水的产出，通过开展产出水矿化度分析以及 Stiff 图版的变化情况，综合判断是否有水侵发生。

1. 水矿化度判断法

地层水由于长期与岩石和地层的油气接触，含有多种无机盐，在实际油田生产中，通常以氯离子的含量来区分和标定产出水矿化度的高低；而凝析水一般为纯净水，不含矿物质或因与地层中的残余地层水发生混合含少量矿物质，地层束缚水以及边底水的氯离子含量要远远大于凝析水。因此可以根据产出水样的测定，判断产出水的类型和来源，进而对气藏水侵进行识别（如图 5-3-1 所示）。

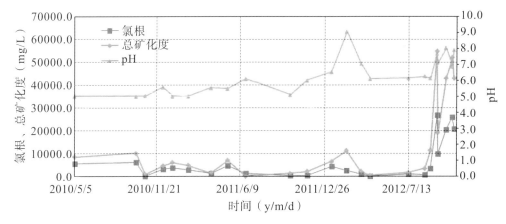

图 5-3-1　气井水化学特征判别曲线

2. Stiff 图版法

鉴于气藏地层水的化学特征与凝析液存在较大的差异，随着气井的开采，连续跟踪气井不同时间下 $K^+ + Na^+$、Ca^+、Mg^+、CL^-、SO_4^{2-}、HCO_3^{2-} 等的变化情况，并按照 $K^+ + Na^+$ 与 CL^-、Ca^+ 与 SO_4^{2-}、Mg^+ 与 HCO_3^{2-} 三类进行区分，并制作成图版（见图 5-3-2 所示），根据 Stiff 图版开口是否变大，判断气井是否发生水侵，若开口变大，则气井发生水侵，反之亦然。但该方法要求生产中水样分析准确，取样密度高。

水样测定和 Stiff 图版开口变化分析，均是通过分析产出液的化学特征进行水侵识别，气井如果进行酸化作业，受酸液返排量影响，识别结果可靠性将受到影响，并且该方法水侵识别前提是地层水进入气井之后，但在气田开发实际工作中，往往需要的是地层水尚未进入气井井筒之前识别出水侵，方能及时有针对性地采取相应措施，做好防水和治水准备，因此该方法存在一定的滞后性。

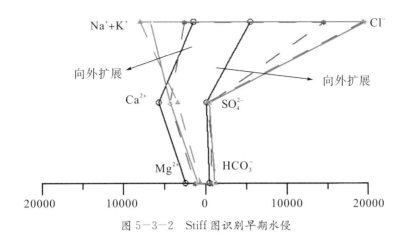

图 5-3-2　Stiff 图识别早期水侵

（二）物质平衡法识别水侵

1. 视地层压力法

基于物质平衡原理，通过分析水体能量的侵入对气藏压力与产量的关系影响，识别水侵。由于地层水的作用，会造成气藏的视地层压力与累计产气原线性关系，因能量补充而发生上翘，呈非线性关系。通过这一特征，可以简单方便地识别水侵的发生（图 5-3-3）。

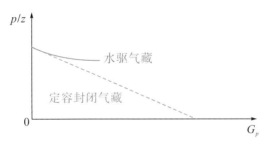

图 5-3-3　典型的水驱气藏压降图

物质平衡法存有较大的局限性，它对气藏水侵不太敏感，其适用条件是水体能量补充明显，地层视压力与累计采气量出现非直线段的水驱气藏。而生产中对于许多水驱作用不太强的气藏，由于在气藏开发缺乏足够的气藏平均压力资料，$\frac{p}{Z} \sim G_p$ 关系曲线拟合好，未出现非线性关系，从而影响水侵识别。

2. 水侵体积系数法

陈元千利用物质平衡方程，引入一个水侵体积系数，即含气区的剩余水量与气藏原始储量的比值，提出了一种判断水侵的方法。

正常压力水驱气藏的压降方程表达式：

$$\frac{p}{Z} = \frac{p_i}{Z_i}\left(\frac{1 - \dfrac{G_p}{G}}{1 - \omega}\right) \qquad (5-3-1)$$

定义采出程度为：

$$R = \frac{G_p}{G} \qquad\qquad (5-3-2)$$

地层相对视压力为：

$$p_s = \frac{p \cdot Z_i}{Z \cdot p_i} \qquad\qquad (5-3-3)$$

即：

$$p_s = \frac{1-R}{1-\omega} \qquad\qquad (5-3-4)$$

对于无水驱气藏，上式变为：

$$p_s = 1 - R \qquad\qquad (5-3-5)$$

由上式可作出水侵体积系数与采出程度的关系图版，见图 5-3-4 所示，即由于水侵体积系数 $\omega<1$，故 p_s 与 R 之间在直角坐标图上存在斜率大于 45°，而对于定容封闭气藏，p_s 与 R 之间在直角坐标图上存在的直线的斜率为 45°的直线。

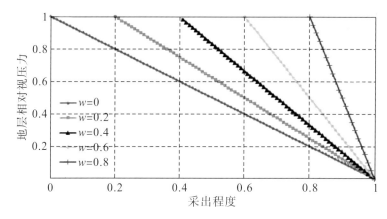

图 5-3-4　地层相对视压力与采出程度关系图版

由以上分析，作出相对地层视压力 p_s 与采出程度 R 的关系图，就可以判断气藏是否存在水侵，如果所作出的点子落在 45°的直线上，说明该气藏为定容封闭气藏，如果所作出的点子落在 45°直线的上方，说明该气藏为水驱气藏。该方法存在的主要问题是，需要预先知道气藏的地质储量，对于气藏的开发后期，上述方法应用较好，对于早期应用该方法识别水驱存在一些困难和问题。

（三）生产动态判别法

主要利用气藏生产过程中不同时间内水气比变化、H_2S 含量变化以及产量递减曲线的分析判别气藏水侵。

1. 水气比变化

气藏在生产初期，产水量小而且稳定，生产水气比小且低于一个上限值，通常这个阶段的产出水为地层内部的凝析水；气井生产一段时间以后，产水量以及水气比均具有上升趋势，表明随着地层压力的降低，岩石和束缚水的综合膨胀作用导致地层中的束缚水开始产出。对于有边底水的气藏，如果伴随着生产水气比、产水量上升，产气量、油压明显下降，说明此时边底水可能已经侵入气藏（见图 5-3-5 所示）。

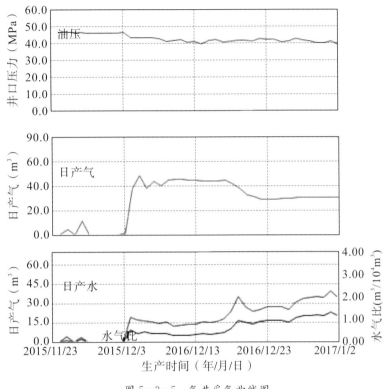

图 5-3-5　气井采气曲线图

水气比变化判别可有效确认气井是否发生水侵，但判别前提是地层水已进入井筒，引起产水量变化，并产生了部分水封气，影响了气井生产动态。

2. H_2S 含量变化判别法

该方法主要基于高含硫气田开发过程中天然气中 H_2S 含量的变化预测水侵。H_2S 气体在水中的溶解度受压力控制，压力越低、溶解度越小，气藏在开发中，存在压降漏斗，井筒附近的压力最低，水体在侵入储层的过程中，压力不断减小，H_2S 气体从水中溶解出来，天然气中 H_2S 的含量会逐渐升高（图 5-3-6）。

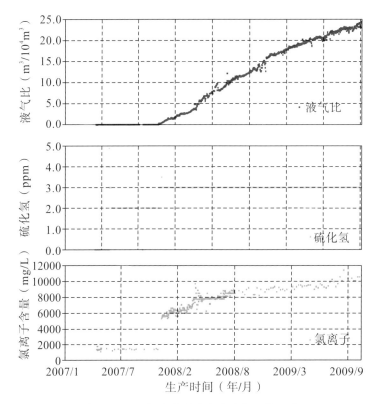

图 5-3-6 气井地层流体性质变化情况图

  H_2S 含量变化判别法可以预测出气藏水侵，减少水侵危害，但具有局限性，仅适用于高含硫气藏，对本身就含 H_2S 的气井，适用性较差，不易识别水侵。

  3. 产量递减曲线判别法

  对于存在边底水的气井来说，综合单井产量、压力特征及产量递减曲线特征可以对水侵程度进行分类（表 5-3-1），分为未见水型和已见水型两大类，其中未见水型又可以为三小类：未水侵、水侵初期和水侵中期、水侵后期。当气井产水量急剧增加，产气量大幅下降，说明由于气层压力的下降，导致边底水侵入气藏并突破井底，使气井产水，降低了气相的相对渗透率，增加了流动阻力，使气井的产量急剧下降。总体上可将边底水水侵-出水过程描述为：正常生产段、受水体能量补充段、受水锥进而生产变差段、携液生产阶段。这四个段在产量不稳定分析曲线及流动物质平衡曲线上表现的特征如图 5-3-7 所示，分别为：

  （1）正常生产段：规整化产量曲线与某典型曲线吻合、流动物质平衡曲线为初期直线段；

  （2）受水体能量补充段：规整化产量曲线向右上偏离边界控制流动直线段、流动物质平衡曲线向右上偏离初期直线段；

  （3）受水锥进而生产变差段：规整化产量曲线向左下偏离边界控制流动直线段，未与理论曲线相交；流动物质平衡曲线向左下偏离初期直线段。

（4）携液生产段：规整化产量曲线落到理论曲线下方。

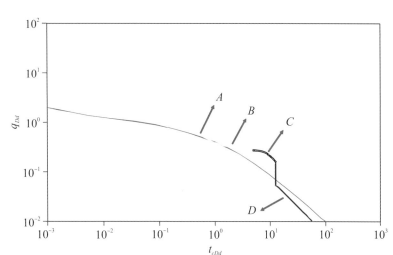

图 5--3--7　水侵情形 Blasingame 递减曲线特征

表 5-3-1　气田单井水侵类型判别

类型		生产特征	产量递减分析曲线特征
未见水型	未水侵型	产量：稳定 压力：降低趋势较一致	典型曲线：与某条典型曲线吻合 FMB曲线：直线
	水侵初期型	产量：稳定或有升高 压力：目前降低速度小，低于前期，有明显拐点	典型曲线：数据点偏离典型曲线向右上偏移 FMB曲线：偏离直线上翘
	水侵中后期型	产量逐渐降低稳定； 压力降低速度高于前期	典型曲线：数据点偏离典型曲线向左下偏移 FMB曲线：偏离直线下掉
已见水型	已产水型	产量：逐渐减低 压力：压力降低	典型曲线：数据点向下偏移 FMB曲线：先偏离直线上翘后下掉

产量递减曲线判别法对于气藏的水侵程度可以达到准确的识别，尽早采取措施防水，该方法主要依据典型图版进行分析，但要求产量、压力数据准确。

（四）不稳定试井判别法

气藏水侵是一个动态的过程，其压力变化必然会反映到动态监测资料上。在边水气藏中，进行压力恢复测试，其压力导数曲线表现为两区复合气藏的特征，即压力导数曲线后期呈"上翘"。因此，在实际的试井解释分析中，常用复合地层试井模型和线性不连续边界试井模型来分析天然水侵边界。对同一井进行连续监测，若存在边水推进，则压力导数曲线后期上翘的时间则会提前出现，见图5-3-8所示，从而来识别水侵快慢及强弱。该方法可以准确、快速的识别气井是否发生水侵，但需要进行多次的试井，限制了该方法的使用。

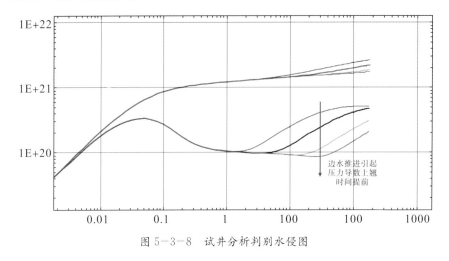

图 5－3－8　试井分析判别水侵图

二、气藏水侵早期识别方法适应性评价

由于元坝长兴组气藏处于开发初期，由于气藏的非均质性、气水关系复杂等因素，给水侵早期识别带来了很大的难度，为了降低识别的风险，应该明确各种识别方法原理及优缺点（表5－3－2），在不同阶段选用合适的识别方法，多种识别方法综合应用，扬长避短，充分利用地质资料，了解边底水形态及气水分布关系，裂缝发育情况，结合生产动态数据，尽量综合最多的水侵信息进行气藏早期水侵识别。

表 5－3－2　各种早期水侵识别方法适应性评价

识别方法分类	方法划分	识别原理	优缺点分析
产出水识别	水矿化度判断	地层水与凝析水矿化度等物性不同，根据水样的测定，可以判断产出水的类型和分析其来源，进而判断水侵是否发生	优点：操作简单易行，能够识别凝析水产生的水侵假象； 缺点：不易提前识别水侵
	Stiff图版法	地层水的化学特征与凝析液存在较大的差异	优点：操作简单易行； 缺点：要求生产中水样分析准确，取样密度高，存在一定的滞后性
物质平衡法	视地层压力法	由于边底水的作用，水侵气藏的视地层压力与累计产气呈非线性关系。通过这一特征，可以简单方便地识别水侵的发生	优点：只需要气藏早期压降数据和相应的采气量即可进行识别，使用简单； 缺点：适用条件是地层视压力与累计采气量出现非直线段的水驱气藏
	水侵体积系数法	对于无水侵的定容封闭气藏，$\omega=0$，即实际 p_s-R 曲线为对角线；当存在水侵时，实际的 p_s-R 曲线在对角线以上，越偏离对角线，水侵强度越大	优点：操作简单，对于气藏的开发后期，上述方法应用较好； 缺点：需要预先知道气藏的地质储量，对于早期应用该方法识别水驱存在一些困难和问题

识别方法分类	方法划分	识别原理	优缺点分析
生产动态判别法	水气比监测	见水前水气比相对较低,见水后水气比保持在较高水平	优点:操作简单易行,数据来源容易; 缺点:对水侵识别反应迟钝,不能达到早期识别的目的
	H_2S 含量监测	在原始地层压力条件下,H_2S 可以在地层水中大量溶解,气藏水侵过程中,由于水体压力也不断下降,溶解于水中的 H_2S 不断释放,使气井中 H_2S 含量持续上升	优点:操作简单易行,可以提前识别水侵情况; 缺点:对本身就含 H_2S 的气井,不易识别水侵
	产量递减曲线判别法	根据产量递减曲线特征进行判别,当数据点偏离典型曲线向右上偏移,则发生水侵	优点:可以准确快速识别; 缺点:要求产量、压力数据准确
不稳定试井判别法	复合地层试井模型	通过试井分析方法计算得到同一气井不同时期的边界距离不相同,判断水体推进速度快慢及强弱	优点:能够及早地识别水体推进快慢及强弱,利于预测水侵大致时间; 缺点:要求气井不同时期有多次试井,同时试井解释的可靠性也存在问题

三、元坝长兴组气藏水侵早期识别

鉴于元坝长兴组气藏投产时间不长,目前所获得资料有限(气井压恢试井资料和关井压力资料录取较少,产量压力和产出液化学特征录取较多),且多数气井处于水侵早期,水侵程度低,对气藏开展水侵识别,其中产量递减曲线判别法、Stiff 图版法以及产出水的化学特征判别方法对判断处于水侵初期阶段气井适应性最强。综合利用三种水侵早期识别方法对元坝长兴组气藏投产气井进行水侵早期识别,及时制定防水策略,调低产量,控制采速,延长了气井无水采气期。

(一)元坝29-2井水侵早期识别

元坝29-2井是位于长兴组③号礁带东南段的一口开发评价井。该井斜导眼在储层下方钻遇一气水同层,其水线位置距离气井水平段 58.2m(图 5-3-9),水体规模约 $80.1 \times 10^4 \sim 190.7 \times 10^4 m^3$,气井具有出水风险。

气井生产按是否有能量补充可分为两个阶段:第一阶段,气井未受到能量补充。配产主要以 $40 \times 10^4 m^3/d$ 为主,压降速率为 0.05MPa/d,下降较快(见表 5-3-3)。第二阶段,气井获得能量补充。该阶段配产为 $40 \times 10^4 \sim 45 \times 10^4 m^3/d$,压降速率为 $0.005 \sim 0.03$ MPa/d,低于第一阶段。结合该井地质特征,认为气井的能量补充可能来源于下部水体能量的补充,也可能为生产压差增大后三类储层储量的补充。

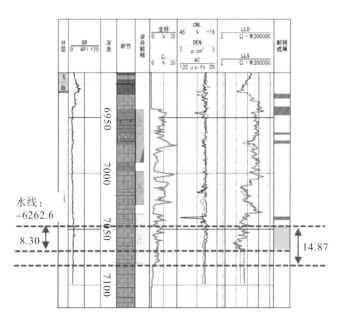

图5－3－9　元坝29－2井录井储层综合评价图

表5－3－3　元坝29－2井生产分析表

井号	阶段	时间（d）	平均产量（$10^4 m^3/d$）	压降速率（MPa/d）
元坝29－2	未见能量补充	2014.12.10～2015.5.25	38.11	0.05
	能量补充	2015.5.26～2015.10.18	44.54	0.01
		2015.11.09～2016.1.27	44.56	0.02
		2016.1.28～2016.5.16	39.78	0.005
		2016.5.17～2016.6.27	45.52	0.03

从气井关井期间的井口油压恢复曲线可知，油压恢复较缓慢，油压从40.5MPa上升为43.22MPa历时16天（图5－3－10）。如果气井在三类储层储量有效补充下，井口油压的恢复趋势应更快。故气井的能量补充可能主要来源于下部水体。

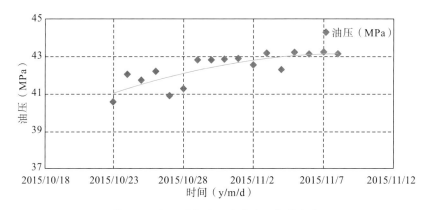

图5－3－10　元坝29－2井油压恢复曲线

针对元坝 29-2 井在生产中表现出具有能量补充的现象，采用 Blasingame、FMB 产量递减曲线开展气藏水侵早期识别的诊断，认为元坝 29-2 井 Blasingame 与 FMB 特征曲线发生上翘，分析认为气井发生了水侵（见图 5-3-11 和图 5-3-12）。

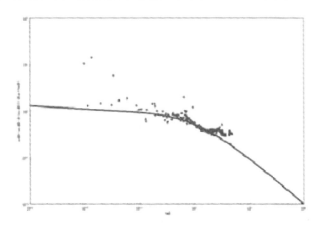

图 5-3-11　元坝 29-2 井 Blasingame 递减曲线

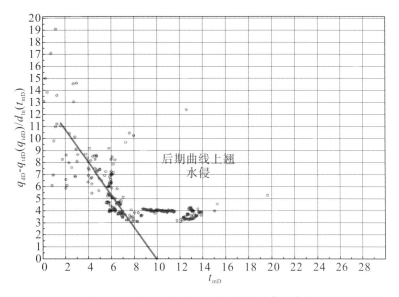

图 5-3-12　元坝 29-2 井 FMB 递减曲线图

（二）元坝 28 井水侵早期识别

元坝 28 井是位于该井为③号礁带东南段构造高部位的直井，该井在储层下方水钻遇一气水同层，厚度 34.65m。水层距气层射孔段仅 20m，水体规模约 $111.5 \times 10^4 m^3$，气井具有出水风险（图 5-3-13）。

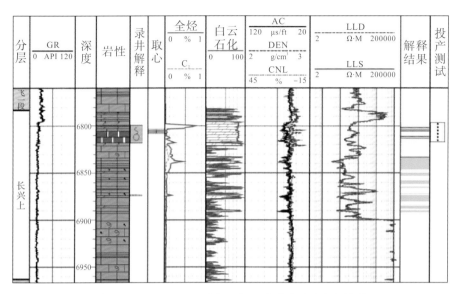

图 5-3-13　元坝 28 井长兴组测录井储层综合评价图

元坝 28 井推荐初期配产为 $10\times10^4\,\mathrm{m^3/d}$，投产后气井配产 $15\sim25\times10^4\,\mathrm{m^3/d}$，油压下降较快（0.038MPa/d~0.134MPa/d）。2016 年 6 月气井水气比 $0.25\,\mathrm{m^3/10^4\,m^3}$ 上升为 $0.5\,\mathrm{m^3/10^4\,m^3}$，采用产出液 Stiff 图版进行气井水侵识别，根据不同时间段 $Na^+ + K^+$ 与 Cl^- 变化情况，分析该气井的水侵情况，其 Stiff 图版表现为 $Na^+ + K^+$ 与 Cl^- 成向外展开趋势，故该气井地层水侵入了近井地带（见图 5-3-14 和图 5-3-15）。

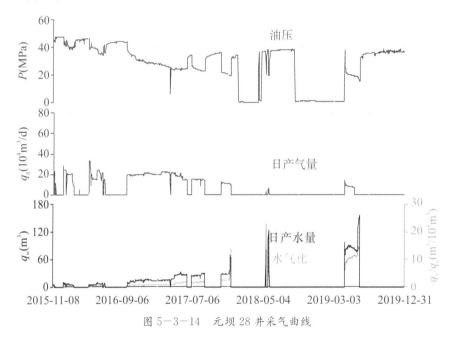

图 5-3-14　元坝 28 井采气曲线

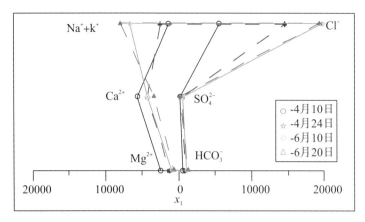

图 5−3−15 元坝 28 井 Stiff 图版早期水侵识别

| 第四节 水侵量计算 |

目前水侵量计算模型较多，主要分为气藏工程方法与数值模拟法，其各自的优缺点见表 5−4−1 所示。气藏工程方法相对简单、易行，计算较大，主要分为：物质平衡、稳态水侵量模型和非稳态水侵量模型；气藏数值模拟计算方法，工作量大，需要参数多，但计算结果精度高，误差小。

元坝长兴组气藏属于高含硫生物礁气藏，且处于开发初期，获得的参数资料有限，故气藏工程方法更适合，本节着重介绍两个高含硫气藏水侵量计算模型：考虑硫沉积的视地层压力模型与考虑硫沉积的非稳态水侵量计算模型。

表 5−4−1 水侵量计算方法适应性评价

计算方法	优缺点
物质平衡法 （视地层压力、水侵图版）	优点操作简单、方便，需要参数少，适合于现场估算气藏水侵量大小，缺点是计算精度不高
非稳态（稳态）水侵 经典解析法	优点是方法适用于各类气藏，计算效果较好；缺点是需要知道水体形状、大小等和准确的地层压力数据，应用十分费时，需要编程计算
自动拟合法	优点是方法适用于各类气藏，计算效果较好
数值模拟法	优点计算结果精度高，缺点是工作量，需要参数多，不如常规方法方便

一、视地层压力法水侵量计算模型

在高含硫气藏的开采过程中，除了地层孔隙和束缚水体积随压力的变化对气藏容积的影响外，地层中元素硫的沉积还将占据一部分孔隙体积，从而使气藏的容积进一步减小。故基于硫沉积对水侵气藏容积的影响，应用气藏物质平衡方法，推导出了高含硫气藏水侵量计算模型。

（一）模型假设条件

（1）在原始状态下，天然气中溶解的元素硫已经达到饱和；

（2）元素硫在地层中以固态的形式沉积；

（3）不考虑地层流体对所沉积的元素硫的携带和运移。

（二）高含硫水侵气藏物质平衡方程的建立

气藏物质平衡方程的基本形式：

$$G = G_P + G_{res} \tag{5-4-1}$$

式中：G—气藏的原始地质储量，m^3；

$\qquad G_p$—累计采出的储量，m^3；

$\qquad G_{res}$—剩余储量，m^3。

设原始条件下气藏的容积为 V_{ci}，此时气体充满了整个气藏容积，当气藏采出 G_p 体积的天然气之后，气藏的压力从原始地层压力（P_i）下降到某个地层压力（P），气藏压降为 ΔP（$\Delta P = P_i - P$）。对于水侵气藏，除了气藏的孔隙体积会因压力下降而减小和气藏中的束缚水体积会因压力下降而膨胀外，水体中的水会因压力下降而侵入气藏，同时在高含硫水侵气藏中，由于地层压力的下降还会使含硫天然气中硫的溶解度下降，从而造成元素硫在地层中的沉积。

因压力降低地层孔隙体积的减小量为：

$$\Delta V_p = V_p C_p \Delta p \tag{5-4-2}$$

因压力降低束缚水体积的膨胀量为：

$$\Delta V_{wc} = V_{wc} C_w \Delta p \tag{5-4-3}$$

被水侵量占据的孔隙体积（气藏的存水量）为：

$$W = W_e - W_p B_w \tag{5-4-4}$$

因压力降而沉积的元素硫所占据的孔隙体积为：

$$V_s = \frac{m_s}{\rho_s} = \frac{(GB_{gi}c_{si} - GB_g c_s)}{1000\rho_s} \tag{5-4-5}$$

因孔隙体积的减小，束缚水体积的膨胀、水的侵入和硫的沉积，都将减少气藏的容积。地层压力下降到 p 时的气藏容积为：

$$V_c = V_{ci} - \Delta V_p - \Delta V_{wc} - V_s - W \tag{5-4-6}$$

整理得：

$$V_c = V_{ci}\left[1 - \frac{C_p + S_{wc}C_w}{1 - S_{wc}}\Delta p - \frac{W}{V_{ci}}\right] - V_s \tag{5-4-7}$$

代入到气藏物质平衡方程中，并整理，可获得考虑硫沉积的有水气藏物质平衡方程：

$$\frac{p_i}{Z_i}\Big[1-\frac{G_p}{G}\Big] = \frac{p}{Z}(1-C_c\Delta p - c_{si}/1000\rho_s - \omega) + \frac{p_i}{Z_i}(c_{si}/1000\rho_s) \quad (5-4-8)$$

（三）水侵量计算

由上式（5−4−8）知：气藏投产初期，生产时间短暂，气藏压力下降较少，水侵体积系数 ω 较小，对气藏的生产动态影响较小，可以忽略，即考虑了岩石和束缚水压缩性的视地层压力 $\frac{p}{Z}(1-C_c\Delta p - c_{si}/1000\rho_s - \omega)$ 与累计产气量 G_p 呈直线关系。随着生产的进行，气藏压降越来越大，水侵体积系数 ω 增大，沉积的元素硫所占据的体积增大，$\frac{p}{Z}(1-C_c\Delta p - c_{si}/1000\rho_s - \omega)$ 与 G_p 在直角坐标系中表现为一条上翘曲线。

利用水侵气藏曲线与封闭气藏直线间的距离（图 5−4−1）就可计算 G_p 下对应的水侵体积系数 ω，再由上式即可计算水侵量 W_e。

由于视地层压力对水驱作用敏感性较弱，因而当边底水的能量较弱或者水驱气藏开采初期，在视地层压力曲线图上水侵程度表现不明显，且该方法需要知道气藏的动态储量，因而在气藏开采早期水侵量的计算存在一定的局限。

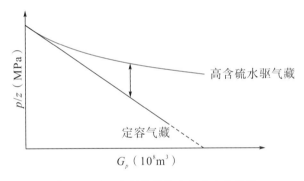

图 5−4−1　水驱气藏视地层压力曲线图

二、非稳态水侵量计算模型

（一）物理模型

双重介质底水气藏中一气井进行生产，气藏由上气下水的 2 个同心圆柱形区域组成，其物理模型示意图如图 5−4−2 所示，其基本物理模型假设如下：

（1）底水层厚度 h_a、水区半径 r_a 及气层半径 r_R 均为常数，除气水层接触区域（$0<r<r_R$）外，其他外边界均为封闭；

（2）水层岩石完全饱和水，且岩石的孔隙度和压缩系数为常数；

（3）基质孔隙中的地层水均向裂缝系统进行窜流，经裂缝系统产出；

（4）流体在基质和裂缝中流动满足达西定律；

（5）硫单质析出仅在气层中，且沉降在原地（不考虑固体硫的运移）；

（6）地层水压缩系数为常数，忽略重力和毛管力的影响。

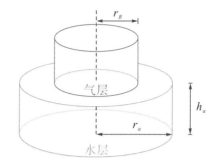

图 5-4-2　双重介质底水气藏物理模型示意图

（二）数学模型

1. 有因次数学模型

描述单相微可压缩流体在多孔介质中的渗流综合控制偏微分方程为

$$\frac{\partial^2 p_f}{\partial r^2} + \frac{1}{r}\frac{\partial p_f}{\partial r} + \frac{k_{fz}}{k_{fh}}\frac{\partial^2 p_f}{\partial z^2} + \frac{\alpha_m k_m}{k_{fh}}(p_m - p_f) = \frac{\varphi_f C_{ft}\mu_w}{k_{fh}}\frac{\partial p_f}{\partial t} \quad (5-4-9)$$

$$-\frac{\alpha_m k_m}{\mu_w}(p_m - p_f) = \varphi_m C_{mt}\frac{\partial p_m}{\partial t} \quad (5-4-10)$$

侧向外边界条件

$$\frac{\partial p_f}{\partial r}\Big|_{r=r_a} = 0 \quad (5-4-11)$$

$$\frac{\partial p_f}{\partial r}\Big|_{r=0} = 0 \quad (5-4-12)$$

顶底边界条件

$$\frac{\partial p_f}{\partial z}\Big|_{z=0} = 0 \quad (r_R < r < r_a) \quad (5-4-13)$$

$$\frac{k_{fz}}{\mu_w}\frac{\partial p_f}{\partial z}\Big|_{z=h_a}\pi r_R^2 = q_w \quad (0 < r < r_R) \quad (5-4-14)$$

式中：α—形状因子，m^{-2}；

μ_w—水的黏度，mPa·s；

q_w—底水沿裂缝侵入气藏的速度，m^3/d；

下标"m"和"f"—分别代表"基质"和"裂缝"。

2. 无因次定义

无因次压力

$$p_{mD} = \frac{2\pi k_{fh}h_a}{q_w\mu_w}(p_i - p_m), \ p_{fD} = \frac{2\pi k_{fh}h_a}{q_w\mu_w}(p_i - p_f) \quad (5-4-15)$$

无因次距离

$$r_D = \frac{r}{r_{\text{Re}}^{-S}}, r_{aD} = \frac{r_a}{r_{\text{Re}}^{-S}}, z_D = \frac{z}{r_{\text{Re}}^{-S}}\sqrt{\frac{k_{fh}}{k_{fz}}}, h_{aD} = \frac{h_a}{r_{\text{Re}}^{-S}}\sqrt{\frac{k_{fh}}{k_{fz}}} \quad (5-4-16)$$

无因次时间

$$t_D = \frac{k_{fh}t}{\mu_w(\varphi_f C_{ft} + \varphi_m C_{mt})r_R^2} \quad (5-4-17)$$

无因次产量

$$q_D = \frac{q_w(t)\mu_w}{2\pi\mu_w k_{fh}h_a(p_i - p_f)} \quad (5-4-18)$$

基质向裂缝窜流的窜流系数

$$\lambda_m = \frac{\alpha_m k_m r_w^2}{\sqrt{k_{fx}k_{fy}}} \quad (5-4-19)$$

基质系统弹性储容比

$$\omega_m = \frac{\varphi_m C_{mt}}{\varphi_f C_{ft} + \varphi_m C_{mt}} \quad (5-4-20)$$

裂缝系统弹性储容比

$$\omega_f = \frac{\varphi_f C_{ft}}{\varphi_f C_{ft} + \varphi_m C_{mt}} \quad (5-4-21)$$

3. 无因次数学模型

利用上述无因次变量定义，取基于 t_D 的拉普拉斯变换，可得双重介质底水气藏水侵的无因次渗流控制微分方程式：

$$\frac{\partial^2 \bar{p}_{fD}}{\partial r_D^2} + \frac{1}{r_D}\frac{\partial \bar{p}_{fD}}{\partial r_D} + \frac{\partial^2 \bar{p}_{fD}}{\partial z_D^2} - \lambda_m(\bar{p}_{mD} - \bar{p}_{fD}) = (1 - \omega_f)ue^{-2S}\bar{p}_{fD}$$

$$(5-4-22)$$

$$-\lambda_{mf}(\bar{p}_{mD} - \bar{p}_{fD}) = u\omega_m e^{-2S}\bar{p}_{mD} \quad (5-4-23)$$

两式联立得：

$$\frac{\partial^2 \bar{p}_{fD}}{\partial r_D^2} + \frac{1}{r_D}\frac{\partial \bar{p}_{fD}}{\partial r_D} + \frac{\partial^2 \bar{p}_{fD}}{\partial z_D^2} = f(u)\bar{p}_{fD} \quad (5-4-24)$$

实际上，对双重介质气藏有：

$$f(u) = \left(\frac{\omega_m \lambda_{mf}}{u\omega_m + \lambda_{mf}} + \omega_f\right)ue^{-2S} \quad (5-4-25)$$

对均质气藏有

$$f(u) = ue^{-2S} \quad (5-4-26)$$

初始条件

$$\bar{p}_{fD}(r_D, 0) = 0 \quad (5-4-27)$$

无因次侧向边界条件

$$\frac{\partial \bar{p}_{fD}}{\partial r_D}\Big|_{r_D = r_{wD}} = 0 \quad (5-4-28)$$

$$\frac{\partial \bar{p}_{fD}}{\partial r_D}\Big|_{r_D=0} = 0 \qquad\qquad (5-4-29)$$

无因次顶底边界条件

$$\frac{\partial \bar{p}_{fD}}{\partial z_D}\Big|_{z_D=0} = 0 \qquad\qquad (5-4-30)$$

$$\frac{\partial \bar{p}_{fD}}{\partial z_D}\Big|_{z_D=h_{aD}} = \frac{\varphi(r_D)}{u} \qquad\qquad (5-4-31)$$

式中：$\begin{cases} \varphi(r_D) = 2h_{aD} & (0 < r_D < 1) \\ \varphi(r_D) = 0 & (1 < r_D < r_{aD}) \end{cases}$。

（三）数学模型的解

设 $\bar{p}_{fD} = \bar{R}(r_D)\bar{Z}(z_D)$，将其代入式综合控制方程中，可得：

$$\bar{R}''\bar{Z} + \frac{1}{r_D}\bar{R}'\bar{Z} + \bar{R}\bar{Z} = f(u)\bar{R}\bar{Z} \qquad\qquad (5-4-32)$$

根据分离变量法和叠加原理，可得裂缝系统压力的拉氏空间解：

$$\bar{p}_{fD} = a_0 e^{z_D\sqrt{f(u)}} + b_0 e^{-z_D\sqrt{f(u)}} + \sum_{n=1}^{\infty}\left[a_n e^{z_D\sqrt{f(u)+\beta_n}} + b_n e^{-z_D\sqrt{f(u)+\beta_n}} \right] \times J_0(r_D\beta_n) \qquad (5-4-33)$$

式中：$\beta_n = \left[\dfrac{\mu_n^{(1)}}{r_{aD}}\right]^2 \quad (n = 1, 2, \cdots)$。

可由 z 方向的边界条件确定上式中的待定系数：

$$a_0 = b_0 = \frac{1}{e^{h_{aD}\sqrt{f(u)}} - e^{-h_{aD}\sqrt{f(u)}}}\frac{2h_{aD}}{r_{aD}u}\frac{1}{\sqrt{f(u)}} \qquad (5-4-34)$$

$$a_n = b_n = \frac{1}{e^{h_{aD}\sqrt{f(u)}} - e^{-h_{aD}\sqrt{f(u)}}}\frac{4h_{aD}}{r_{aD}^2 u\sqrt{\beta_n}}\frac{1}{\sqrt{f(u)++\beta_n}}\frac{J_1(\sqrt{\beta_n})}{J_0^2(\sqrt{\beta_n})} \qquad (5-4-35)$$

（四）考虑硫沉积的影响

表皮效应是指储层由于渗透率发生改变而引起的一个附加压降，表达式为：

$$\Delta p_{skin}^2 = \frac{1.291 \times 10^{-3}qT\mu Z}{Kh}S \qquad\qquad (5-4-36)$$

式中：$S = S_{硫} + S_{其他}$

因此如何获取硫沉积引起的表皮是计算的关键，当地层压力下降发生硫沉积时，原则上整个气藏都会产生硫沉积，由硫沉积预测模型部分可知，地层硫沉积主要分布在井径附近很小区域内，从而使得近井地带渗透率发生改变。

由 Hawhins 表皮的定义为

$$S = \left[\frac{k_o}{k} - 1\right]\ln\frac{r_a}{r_w} \qquad\qquad (5-4-37)$$

将井筒外围地层分为以井眼中心为圆心的十个圆环，第一个圆环内径为 r_w，外径

为 $2r_w$，该圆环内平均含硫饱和度为 S_1，对应气体渗透率为 k_1；第二个圆环内径为 $2r_w$，外径为 $3r_w$，平均含硫饱和度为 S_2，对应气体渗透率为 k_2；依次类推。采用与复合地层渗透率计算相类似的方法确定硫沉积情况下气体综合渗透率 k，其中各圆环内平均含硫饱和度用非达西硫沉积模型计算得到：

$$k = \frac{\ln\left(\dfrac{1.5}{r_w}\right)}{\dfrac{\ln(2)}{k_1} + \dfrac{\ln(3/2)}{k_2} + \dfrac{\ln(4/3)}{k_3} + \cdots\cdots + \dfrac{\ln(10/9)}{k_{10}}} \qquad (5-4-38)$$

实际应用时，井地带的硫沉积主要集中在 1.5m 范围内，由于沉积在径向分布上的不均匀，因此径向上渗透率的大小各异，用复合地层中计算渗透率的方法来计算沉积带平均渗透率，进而得到近井带的表皮，修正产能方程中的表皮即可得到硫沉积时产能的变化，具体计算步骤如下：

（1）计算近井地带含硫饱和度的分布值；

（2）将井筒周围近井地带平分为 10 个圆环，求取圆环内的平均含硫饱和度，用含硫饱和度和渗透率的关系求的各个圆环内的平均渗透率 k_i；

（3）采用复合地层计算渗透率的方法求取近井地带污染后的平均渗透率 $\bar{k}$；

（4）代入 Hawhins 表皮计算公式求取硫沉积引起的附加表皮 $S_{硫}$。

获得硫沉积引起的附加表皮 $S_{硫}$ 后，将其代入上述模型的解（式 $5-4-33$）中即可获得考虑硫沉积影响的裂缝系统压力的拉氏空间解。

（五）双重介质底水气藏非稳态水侵量计算

利用加权平均法，根据裂缝系统压力的拉氏空间解可将气水界面处（$z_D = h_{aD}$）的平均压力表示为：

$$\bar{p}^{*}_{fD} = \frac{\int_0^1 r_D \, \bar{p}_{fD}(u, r_D, h_{aD}) \mathrm{d}_{rD}}{\int_0^1 r_D \mathrm{d}r_D}$$

$$= a_0(e^{h_{aD}\sqrt{f(u)}} + e^{-h_{aD}\sqrt{f(u)}}) + 2\sum_{n=1}^{\infty} \frac{a_n \left[e^{h_{aD}\sqrt{f(u)+\beta_n}} + e^{-h_{aD}\sqrt{f(u)+\beta_n}} \right]}{\sqrt{\beta_n}} J_1(\sqrt{\beta_n})$$

$$(5-4-39)$$

代入四个待定系数值，可得气水界面处无因次平均压力：

$$\bar{p}^{*}_{fD} = \frac{2h_{aD}\coth(h_{aD}\sqrt{f(u)})}{r_{aD}^2 u \sqrt{f(u)}} + \sum_{n=1}^{\infty} \frac{8h_{aD}\coth(h_{aD}\sqrt{f(u)+\beta_n})}{r_{aD}^2 u \beta_n \sqrt{f(u)+\beta_n}} \frac{\left[J_1(\sqrt{\beta_n})\right]^2}{J_0^2(\mu_n^{(1)})}$$

$$(5-4-40)$$

令：

$$\Omega_1(u) = 2h_{aD} \frac{\coth(h_{aD}\sqrt{f(u)})}{u\sqrt{f(u)}} \qquad (5-4-41)$$

$$\Omega_2(u,\xi_n,h_{aD}) = \frac{2\coth(h_{aD}\sqrt{f(u)+\xi_n^2})}{\xi_n^2\sqrt{f(u)+\xi_n^2}}\frac{[J_1(\xi_n)]^2}{J_0^2(\xi_n r_{aD})}\left[J_1(\xi_n r_{aD}) = 0(n = 1,2,\cdots)\right]$$

$$(5-4-42)$$

其中：$\xi_n = \sqrt{\beta_n} = \dfrac{\mu_n^{(1)}}{r_{aD}}$，即 ξ_n 为方程 $J_1(\xi_n r_{aD}) = 0(n = 1,2,\cdots)$ 的根。

则：

$$\bar{p}_{fD}^* = \frac{\Omega_1(u)}{r_{aD}^2} + \frac{4h_{aD}}{r_{aD}^2}\frac{1}{u}\sum_{n=1}^{\infty}\Omega_2(u,\xi_n,h_{aD})$$

$$(5-4-43)$$

根据 Duhamel 原理，若水侵界面处的平均压力降为常数，则相对应的气水界面处无因次水侵量速度为：

$$\bar{q}_D(u) = \frac{1}{u^2}\frac{1}{\bar{p}_{fD}^*} = \frac{1}{u^2}\frac{1}{\dfrac{\Omega_1(u)}{r_{aD}^2} + \dfrac{4h_{aD}}{r_{aD}^2}\dfrac{1}{u}\sum_{n=1}^{\infty}\Omega_2(u,\xi_n,h_{aD})}$$

$$(5-4-44)$$

对于变水侵速度问题，气藏的累计水侵量可表示为：

$$W_e(t) = \int_0^t q(\tau)d\tau$$

$$(5-4-45)$$

对其无因次化，可得：

$$W_{eD}(t_D) = \int_0^{t_D} q_D(\tau_D)d\tau_D$$

$$(5-4-46)$$

式中：

$$W_{eD} = \frac{W_e(t)}{C_{BW}\Delta p_f}$$

$$(5-4-47)$$

$$C_{BW} = 2\pi h_a r_R^2(\varphi_f c_{tf} + \varphi_m c_{tm})$$

$$(5-4-48)$$

对上式（5-4-47），进行拉氏变换，可得累计水侵量在拉氏空间下的表达式：

$$\overline{W}_{eD}(u) = \frac{1}{u^3}\frac{1}{\dfrac{\Omega_1(u)}{r_{aD}^2} + \dfrac{4h_{aD}}{r_{aD}^2}\dfrac{1}{u}\sum_{n=1}^{\infty}\Omega_2(u,\xi_n,h_{aD})}$$

$$(5-4-49)$$

第五节　水侵综合评价

针对气藏水侵评价，其主要评价指标包括：水侵量（W_e）、水侵强度（B）、水侵替换系数（I）、水驱指数（D_I）等。其中，水侵量主要采用稳态水侵法、非稳态水侵法以及建立的考虑硫沉积的非稳态水侵量模型进行综合计算；水侵强度主要通过非线性物质平衡法，计算水侵体积系数与采出程度的关系求得。一般气藏 $1<B<\infty$，根据 B 值的大小，可定量地分析气藏水驱的强弱程度，当 $B>3$ 时，水侵强度变得很弱。

水驱指数（D_I）计算表达式为：

$$D_I = \frac{W_e}{G_p B_g + W_p B_w} \quad (5-5-1)$$

当 $0.3 < D_I$ 时，气藏表现为强水驱；当 $0.1 < D_I < 0.3$ 时，气藏表现为中水驱；当 $0 < D_I < 0.1$ 时，气藏表现为弱水驱，见下表 $5-5-1$ 所示。

表 5-5-1 气藏驱动因素分类（SY/T 6168-2009）

类型	亚类		驱动特征		
	按水体类型分	按能量分	水驱指数	相对压力曲线斜率	相对压力曲线夹角
气驱气藏	/	/	0	无变化	45°
弹性水驱气藏	边底水	弱水驱	<0.1	末端微翘	>45°
		中水驱	0.1~0.3	后期上翘	40°~45°
		强水驱	≥0.3	中后期上翘	>50°
刚性水驱气藏	边底水	/	≈1.0	平直线	≈90°

水侵替换系数（I）计算表达式为：

$$I = \frac{W_e - W_p B_w}{G_p B_{gi}} \quad (5-5-2)$$

当 $I > 0.4$ 时，气藏地层水表现为活跃；当 $0.15 < I < 0.4$ 时，藏地层水表现为次活跃；当 $0 < I < 0.15$ 时，气藏地层水表现为不活跃。

对有效生产时间较长的产水气井进行综合评价其结果见表 $5-5-2$ 所示。从评价结果可以看出：长兴组气藏产水气井水侵量整体较小（$1.73 \times 10^4 \sim 7.7 \times 10^4 \mathrm{m^3}$），地层存水量较少，元坝 $101-1H$ 井水侵量最大 $7.772 \times 10^4 \mathrm{m^3}$；地层水相对不活跃（$I < 0.15$），其中元坝 $10-1H$ 相对较为活跃，水驱曲线同样反映元坝 $10-1H$ 井区与元坝 28 井区地层水地层水相对较活跃（见图 $5-5-1$ 所示）；水驱指数结果表明气藏水体能量表现为弱-中等（$D_I < 0.3$），元坝 $10-1$ 井区水侵强度相对较强（$B < 3$）。综合而言，4 口高产水井地层水相对活跃，水体能量中等，水侵强度大，其他产水井水体能量相对不活跃，水侵强度较小；且元坝长兴组气藏产水气井大部分处于产水初期，建议开井不频繁开关井，保持"三稳定"工作制度生产，带水采气确保气藏高效开发。

表 5-5-2 元坝长兴组气藏部分含水井区水侵量统计表

井号	累产气（$10^8 \mathrm{m^3}$）	累产水（$10^4 \mathrm{m^3}$）	水侵体积系数 ω	水侵量（$10^4 \mathrm{m^3}$）	水侵替换系数 I	水侵强度 B	水驱指数 D_I
元坝 10-1H	1.0355	4.7100	0.010	3.766	0.071	139.34	2.556
元坝 10-2H	0.7275	2.3258	0.072	1.732	0.050	96.21	2.055
元坝 10 侧 1	1.4197	2.7392	0.019	6.408	0.119	97.73	2.165
元坝 101-1H	5.7621	3.6114	0.011	7.772	0.011	41.38	3.565
元坝 29-1	5.6122	3.5417	0.006	5.471	0.027	34.79	5.862

井号	累产气 ($10^8 m^3$)	累产水 ($10^4 m^3$)	水侵体积系数 ω	水侵量 ($10^4 m^3$)	水侵替换系数 I	水侵强度 B	水驱指数 D_l
元坝 28	0.9419	1.4194	0.009	1.824	0.039	108.41	4.820
元坝 273	3.0700	0.6808	0.005	1.610	0.037	14.37	4.925
元坝 104	4.8933	3.1980	0.004	4.723	0.031	32.44	3.550
元坝 102－1H	4.5826	2.1644	0.007	4.025	0.034	26.86	4.693

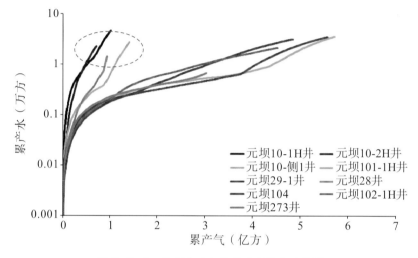

图 5－5－1 元坝长兴组气藏水驱特征曲线图

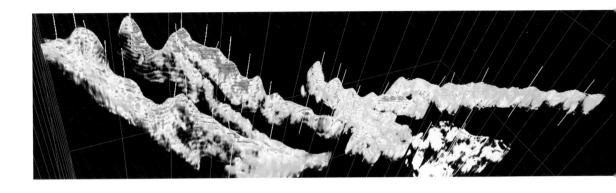

第六章　地质建模与数值模拟技术

三维地质建模是将地质、测井、地球物理资料和各种解释结果综合在一起，将空间信息管理、地质解译、空间分析和预测、地学统计以及图形可视化等结合起来生成三维定量随机模型的过程。

油气藏数值模拟是结合油气藏地质学、渗流力学、油气藏工程、现代数学和计算机应用等学科，从地下流体渗流过程中的本质特征出发，充分考虑油气藏的边界条件和原始状况，通过建立描述油气藏中流体渗流过程的数学模型，利用计算机进行数值求解，从而展现油气藏中流体渗流规律的一种现代油藏工程方法。

三维地质建模和数值模拟技术是认识气藏、预测气藏开发动态强有力的手段。元坝长兴组气藏因为超深、局部存在边底水、受礁滩体控制，其储层物性非均质性较强、流体饱和度分布复杂，需要利用三维地质建模和数值模拟技术描述气藏特征、跟踪分析气藏开发动态、认识生产规律，并根据这些规律和存在的问题提出相应的调整措施，实现较高的最终采收率和经济效益的最大化，从而达到科学合理地开发气田的目的。

| 第一节　三维地质建模 |

三维地质模型是以三维空间的方式来反映构造、地层、流体分布等内容，重点反映储层的厚度、形态、孔隙度、渗透率等属性的三维空间分布。利用元坝长兴组气藏的地震、钻井、测井、岩心及分析化验资料，并结合地质再认识成果，建立了元坝长兴组气藏三维地质模型。

一、地质模型的建立

针对元坝地区礁带内礁群间储层连通性差、纵横向非均质性强、气水关系复杂、井网密度低的特点，综合考虑储层垂向厚度、平面连通性及气水分布特征等研究成果，提出了"多级双控"超深复杂生物礁气藏三维精细地质建模技术。"多级"即建模单元在平面上由礁带到礁群再到单礁体逐级深入，在纵向上由低频的三级层序构造单元推进到高频的四级层序流动单元，模型精度逐级提高；"双控"指综合利用地震反演成果和储集相进行双重控制和约束，提高模型的可靠程度。通过储量模拟及抽稀井验证等方法对模型进行优化筛选，进一步提高模型的精度及可靠程度。

（一）构造模型

构造模型是三维储层模型的格架和基础，其质量直接决定着储层模型的质量，所以对构造形态具有较高的要求。一方面要满足井点上的地质分层，另一方面井间的构造变化要合理符合地质规律，涉及后续储层形态及厚度、储量和压力计算等方面。因此有必要提高构造模型的精度，其关键是要建立高精度的三维速度模型。

1. 速度模型

高精度的速度模型不仅决定着构造模型的精度，而且在其后运用地震反演数据约束建模过程中起着至关重要的作用。在勘探阶段通常选择利用地震处理的叠前速度进行相应的整理进行时深转换，在开发后期井网较密的情况下可采用制作合成记录的形式直接进行时深转换，这两种方式都不适合元坝地区的实际地质情况。

通过单井时深关系与地震叠加速度谱相互校正的方法建立研究区速度模型。首先对叠加速度谱经过加载后，可直接利用迪克斯公式将均方根速度转换为初始的三维层速度体，其次将叠加速度谱加载进建模软件中转换成层速度，并将层速度采样到网格中，然后插值生成速度属性；最后用井上的速度（合成记录）插值，用已采样到网格中的层速度属性做协约束（叠加速度）建立速度模型。

利用该方法建立的高精度速度模型，如图 6-1-1 所示为时深转换后的④号礁带的波阻抗深度域数据，可以看出水平井井轨迹沿着中低阻抗反射轴穿过，总体上具有较好的一致性，可以满足高精度建模对波阻抗数据的要求。

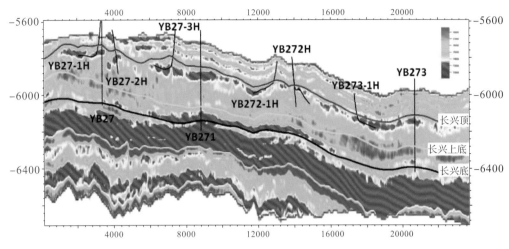

图 6-1-1　过 YB27 井～YB273 井深度域反演剖面图

2. 构造模型

构造模型是三维储层模型的格架和基础，其质量直接决定着储层模型的质量，所以对构造形态具有较高的要求。一方面要满足井点上的地质分层，另一方面井间的构造变化要合理符合地质规律。涉及后续储层形态及厚度、储量和压力计算等方面。因此有必要提高构造模型的精度，其关键是要建立高精度的三维速度模型。

构造模型是三维储层地质模型的格架和基础，其质量直接决定着储层模型的质量。元坝长兴组气藏断层不发育。以单井的层序划分对比数据为依据，在从地震解释中得到的 T_1f^1 底、P_2ch 底、P_2d 底 3 个界面约束下，采用克里金插值方法，建立三维构造模型（图 6-1-2）。

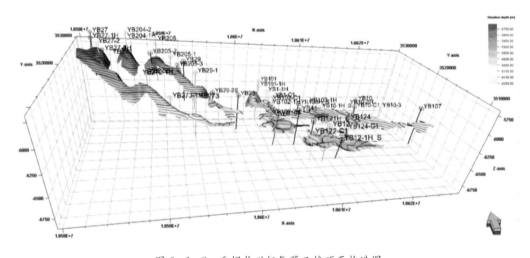

图 6-1-2　元坝长兴组气藏三维顶面构造图

(二) 储层相模型

1. 单井储层相类型划分

综合岩心描述、测试资料、测井解释等多种资料对单井储层类型进行划分，将该区储层分为 3 种类型（表 6-1-1）。

表 6-1-1　单井储层相类型划分

储层类型划分	代码名	孔隙（%）	渗透率（$10^{-3}\mu m^2$）	裂缝发育状况	测试状况
Ⅰ+Ⅱ类储层	0	≥10	≥1	发育	高产工业气流
		10~5	1~0.25	较发育	中产工业气流
Ⅲ类储层	1	5~2	0.25~0.02	欠发育	低产气流
非储层	2	<2	<0.02	不发育	无

2. 变差函数分析

对元坝长兴组气藏各礁带滩体的平面特征进行统计分析。将主变程设置为 1000~2000m（顺礁带方向），次变程接近礁带宽度 1000m 左右，垂向变程由于测井数据采样点较密可以得到比较理想的变程，垂向变程约 14m（图 6-1-3）。

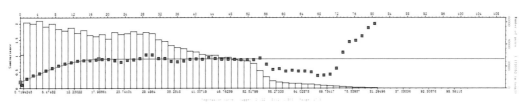

图 6-1-3　变差函数垂向变程示意图

3. 井—震数据相关性分析

统计表明，地震波阻抗与Ⅰ+Ⅱ类储层相关关系相对较好，当波阻抗数据小于 1.47E+7 时，Ⅰ+Ⅱ类储层出现的概率在 50% 以上，当波阻抗数据在 1.47E+7-1.6E+7 时，Ⅰ+Ⅱ类储层出现的概率大幅减小在 10%~30% 之间，也就是说反演数据值越小，Ⅰ+Ⅱ类储层出现的可能性越大（图 6-1-4）。

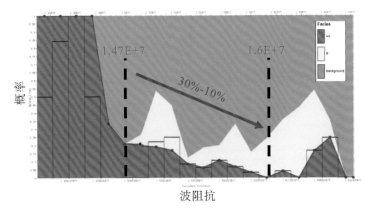

图 6-1-4 储层类型与波阻抗相关关系分析

4. 储层相三维模型的建立

在单井储层相划分和井-震数据相关性分析基础上，以测井解释数据为硬数据，以高精度波阻抗反演数据做软约束，采用序贯指示模拟方法，分礁群滩体建立了元坝长兴组气藏的三维储层相模型

如图 6-1-5 所示研究区总体上以发育Ⅲ类储层为主，Ⅰ+Ⅱ类储层局部发育于礁相及礁滩叠合区范围内，沿礁体走向方向连续性较好。④、③、②号礁带储层发育均具有一定的非均质性，沿着礁盖走向方向Ⅰ+Ⅱ类储层发育较好，构造高部位Ⅰ+Ⅱ类储层发育好，在构造东南部低部位储层变差以发育Ⅲ类储层为主。

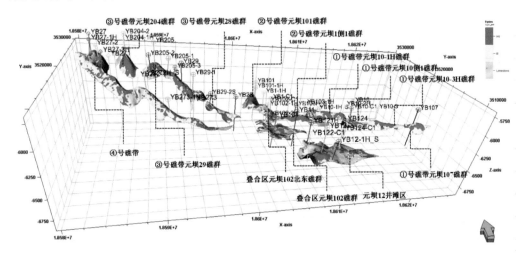

图 6-1-5 元坝长兴组气藏储层相模型

（三）储层物性模型

物性参数建模采用序贯高斯协模拟方法，在储层相及波阻抗约束下建立孔隙度属性模型（图 6-1-6），进而在孔隙度模型的基础上建立渗透率和饱和度模型。由于储层相分布与物性参数变化有共同的数据来源，因此两者具有很好的一致性，这样就避

免了储集相与物性参数分布不匹配的"两层皮"现象。

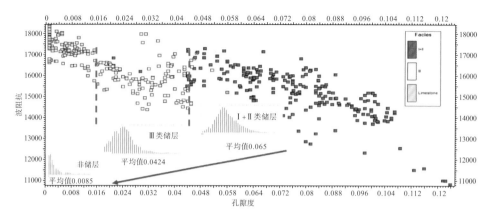

图 6-1-6　不同类型储层孔隙度与波阻抗交汇图

各礁带及礁滩叠合区物性均较好，滩体物性好的部位主要发育于元坝 12 井区附近，总体上礁体物性优于滩体（图 6-1-7、图 6-1-8）。

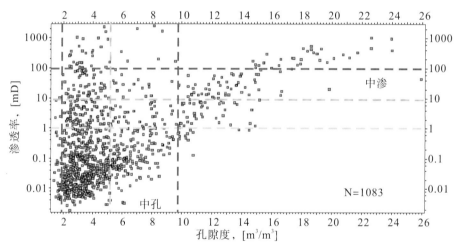

图 6-1-7　元坝长兴组气藏孔隙度与渗透率交汇图

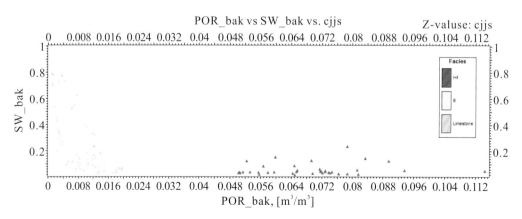

图 6-1-8　孔隙度与含水饱和度交汇图

图 6-1-9 为元坝长兴组气藏孔隙度三维模型，图 6-1-10 为渗透率三维模型，图
6-1-11 所示含水饱和度模型分析表明长兴组气藏气水关系复杂，不同礁、滩体具有
独立的气水系统，气水界面不统一，水体展布主要受小礁体发育范围和局部构造控制。

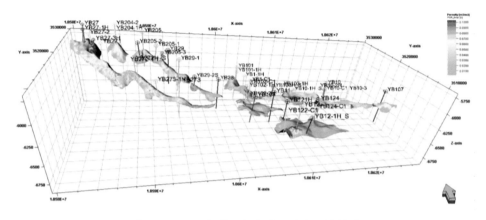

图 6-1-9 元坝长兴组气藏孔隙度三维模型

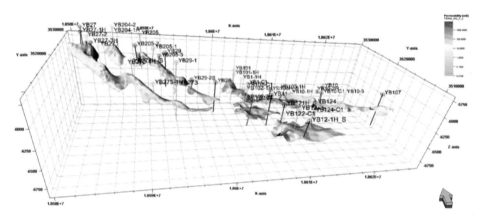

图 6-1-10 元坝长兴组气藏渗透率三维模型

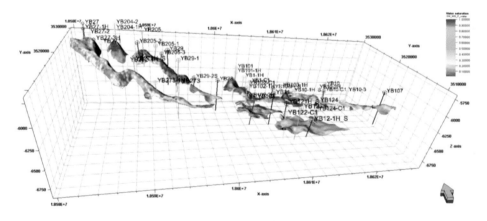

图 6-1-11 元坝长兴组气藏含水饱和度模型

二、模型检验及粗化

（一）储量计算

应用三维储层模型计算储量时，储量的基本计算单元是三维空间上的网格。首先就要通过敏感性分析寻找哪些是影响储量计算的关键。选取主方向、次方向、主方向角度、井震相关系数 4 个因子进行敏感性分析。经过分析表明这 4 个参数均对储量计算有重要的影响，储量区间在（364~392）$\times 10^8\,\mathrm{m}^3$ 之间（图 6-1-12）。从图 6-1-13 也可以看出各影响因子储量分布相对集中，均具有较重要的影响。

确定了影响储量计算的因子之后，进行不确定分析，利用蒙特卡洛计算方法，优选出④号礁带可能性最大的储量即 P_{50}。如图 6-1-14 所示经过计算表明该礁带储量的 P_{50} 大约为 $388.93\times 10^8\,\mathrm{m}^3$。

图 6-1-12　④号礁带敏感性分析风暴图

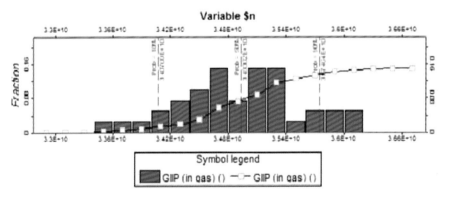

图 6-1-13　④号礁带敏感性分析直方图

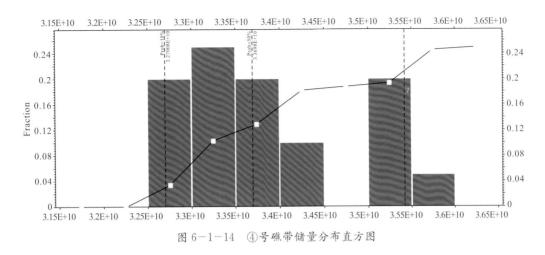

图 6-1-14　④号礁带储量分布直方图

经验表明地质储量与建模储量相对误差在 5%～10% 以内，可以认为这个模型是可靠的，经过计算与地质储量相对误差 8.23%，满足规范要求（表 6-1-2）。

表 6-1-2　④号礁带精细建模储量计算结果

类别	④号礁带储量（亿方）	相对误差（%）
地质	397.25	
建模（P_{50}）	364.54	8.23

对于模型来说最可靠的数据为井数据，通常验证模型可靠程度的重要手段之一就是利用井抽稀来验证。由于元坝 27-2 井工程原因的影响没有测井数据，因此在本次项目中将该井作为④号礁带验证井。元坝 27-2 井录井显示：共 117m，其中：气层 55m，含气层 43m，微含气层 19m（图 6-1-15 左）。

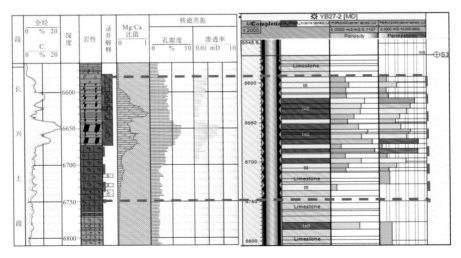

图 6-1-15　元坝 27-1 井储层综合评价图（左录井，右模型）

通过模型提取过元坝 27-2 井合成曲线，统计表明该井处 I+II 类储层为 55.63m，

Ⅲ类储层63.97m，与录井显示结果相近（表6—1—3）。元坝27—2射孔段与储层综合评价图具有较高的一致性，抽稀井验证储层误差率4.8%，从另一个方面来说我们认为模型精度较高是合理的（图6—1—15右）。

表6—1—3　元坝27—2井储层厚度对比表

类别	Ⅰ+Ⅱ类储层（m）	Ⅲ类储层（m）	合计（m）
录井显示	55	62	117
建模拟合	55.63	63.97	119.6

（二）模型粗化

模型粗化的目的是为数值模拟服务。粗化的实质上就是得到一个与原模型近似或者大概相同的模型，这其中必然涉及信息的丢失。如④号礁带原始模型有将近上千万个节点，而数值模拟在目前计算机设备情况上仅仅可以模型（10～150）万个节点。如何保持主要的地质特征在平面以及垂向上的分布趋势，没有明确的方法来指导究竟哪一种粗化方法最合适，需要在网格纵、横向设置，网格粗化方法以及质量控制等方面进行综合考虑。

粗化网格平面划分25m。垂向网格是按照四级层序建模单元设置为33层（表6—1—4）。粗化后网格总共155.9万个，满足数值模拟的要求。

表6—1—4　④号礁带粗化网格划分方案

层序（四级）	SQ2—2	SQ2—1	粗化后网格数
层数	23	10	155.9

通过计算粗化前后总的网格体积的变化进行质控，两者相对误差在3.9%左右认为是合理的（表6—1—5）。

表6—1—5　④号礁带粗化前后网格体积对比表

类别	SQ2—2	SQ2—1	总网格数	相对误差（%）
粗化前总体积	2.652517E+09	3.632114E+09	6.284631E+09	
粗化后总体积	2.652087E+09	3.630095E+09	6.282182E+09	3.9

通过计算粗化前后储量也是一种质控方法，如表6—1—6所示粗化后储量345.21亿方，与精细模型储量相对误差5.3%，从另一个方面证明也是合理的。

表6—1—6　④号礁带粗化前后储量对比表

类别	④号礁带储量（亿方）	相对误差（%）
建模精细模型	364.54	

类别	④号礁带储量（亿方）	相对误差（％）
粗化后模型	345.21	5.3

可以通过直方图来分析粗化前后整个数值的分布趋势，三者之间有很好的一致性，认为粗化结果可以用于数值模拟。

第二节　气藏数值模拟

数值模拟研究的基本要素和步骤包括研究目标的确定、基础资料的整理和分析、数值模拟模型的建立、生产历史拟合以及生产动态预测。

确定研究目标的目的是在考虑气藏开采阶段、取得资料的数量和质量以及研究的时间安排等基础上，来确定明确的、可达到的研究目标。研究目标决定了研究中所需要使用的模拟方法、所要求的历史拟合质量以及所考虑的预测内容，也就明确了需要使用的模型的类型和范围。

基础资料的整理和分析是将数值模拟研究过程中所需要的地震解释成果、地质资料、测井解释结果、岩心实验资料、流体性质资料、动态监测资料、油套管资料和生产动态数据等动静态资料进行收集、筛选和整理的过程，是为了将需要的、有效的、可靠的资料融合应用到数值模拟中，要能够代表整个储层性质或实际气藏中所发生的过程。只有符合研究对象的数据才应该应用到气藏模型中，避免将多余的、无效的、不可靠的、有冲突的数据输入模型，导致模型复杂化或降低准确性。

建立数值模拟模型是指对模型的空间和时间的离散化以及对网格单元的性质赋值，是将气藏划分成网格块，将基础资料的整理和分析的结果设计成模拟模型能够识别的格式。应确定模拟模型的类型、网格维数、流体类型等，并将储层性质（如孔隙度、方向渗透性、有效厚度）、流体性质、岩石物性性质、井轨迹等赋给这些网格单元，同时将单井井史及生产动态资料按一定的时间步长进行时间离散化。

生产历史拟合就是根据已知的气藏生产动态，通过改变不确定性的参数来模拟气藏过去的生产动态，并对模型加以调整的过程。这是由于模拟模型中使用的数据通常都是零星分散、存在误差、不都是确定的，从相对较少的单井所获得的数据不能对气藏进行细致完整的描述。因此，历史拟合阶段就是根据已知气藏动态来校核前期所获得的基础数据、深化前期对气藏的认识、提高模型预测的可靠性。

生产动态预测是利用生产历史拟合调整后的模型，来预测气藏未来的生产动态，为生产动态分析、措施选择和开发方案调整提供指导。在该阶段，可以对不同生产过程和气藏不确定因素进行敏感性分析、优化开发方案、评估不同的生产计划、分析各种气田经营策略等，并分析模拟模型产生的预测结果以确保其物理意义。

一、气藏数值模型的建立

数值模拟模型的建立通常包括气藏网格系统、储层属性模型、流体属性模型、岩石物理模型、渗流模型、流体饱和度模型、井筒管流模型和动态模型的建立。

根据动静态认识、基于地质建模成果，建立储层的构造模型、孔隙度、渗透率、饱和度以及有效厚度的模型，再结合渗流特征、流体属性及流体饱和度的非均质性等方面，利用试井分析资料、岩心实验分析资料、流体分析资料，开展长兴组气藏相渗分区、PVT 分区、流体饱和度分区，分区建立元坝长兴组气藏 11 个地质单元的数值模拟模型。

（一）网格系统

为了更好地描述元坝长兴组气藏复杂的构造形态和储层属性非均质性，模型网格类型采用三维角点网格系统。网格步长根据模型大小，分别有 $D_X = D_Y = 50m$ 和 $D_X = D_Y = 25m$，纵向网格步长 $D_Z = 0.4m \sim 50m$，11 个地质单元网格数 11 万 ~ 258 万个，合计 1067 万个；模拟区边界根据礁体展布情况，未进行特殊处理，采用封闭边界。

④号礁平面上 X 方向网格数为 453 个，Y 方向网格数为 123 个，网格步长 $D_X = D_Y = 50m$；纵向上分为 33 个层，网格步长 $D_Z = 3 \sim 47m$，网格数为 155.9 万个，有效网格 27.5 万个。③号礁带根据地质认识建立了三个模型，分布为元坝 204 礁群、元坝 205 礁群和元坝 28 礁群模型。元坝 204 礁群 X 方向网格数为 161 个，Y 方向网格数为 92 个，网格步长 $D_X = D_Y = 25m$；纵向上分为 44 个层，网格步长 D_Z 小于 6m，网格数为 65.2 万个，有效网格 14.5 万个。元坝 205 礁群 X 方向网格数为 159 个，Y 方向网格数为 100 个；网格步长 $D_X = D_Y = 50m$；纵向上分为 45 个层，网格步长 D_Z 为 0.6 ~ 14m，网格数为 71.5 万个，有效网格 16.7 万个。元坝 28 礁群 X 方向网格数为 97 个，Y 方向网格数为 60 个，网格步长 $D_X = D_Y = 25m$；纵向上分为 12 个层，网格步长 D_Z 小于 6m，网格数为 65.2 万个，有效网格 15.2 万个。②号礁带分 2 个模型建立，其中元坝 101 礁体网格步长 $D_X = D_Y = 25m$，D_Z 为 1.5 ~ 6m，网格数为 72.2 万个，有效网格 17.2 万个。元坝 103 礁群网格步长 $D_X = D_Y = 50m$，D_Z 为 0.5 ~ 5.4m，网格数为 95.4 万个，有效网格 32.9 万个。①号礁带分 2 个模型建立，其中元坝 10-1H 礁群网格步长 $D_X = D_Y = 25m$，D_Z 为 2 ~ 6.6m，网格数为 332.8 万个。元坝 10 侧 1 礁群网格步长 $D_X = D_Y = 25m$，D_Z 为 3.01m，网格数为 49.48 万个。礁滩叠合区网格步长 $D_X = D_Y = 50m$，D_Z 为 2.98m，网格数为 159.46 万个。

（二）流体属性模型

高含硫气藏流体相态行为和相态规律十分复杂，流体相态特征参数的准确与否，将直接影响气藏开发方案设计和开发指标动态预测的准确性和可靠性。根据各井天然气组分监测资料，分析天然气组分在各井、礁群、礁带、滩体之间的差别与分布规律，然后利用高压物性实验结果进行数值模型 PVT 分区。

长兴组气藏天然气分析资料统计结果表明，总体上生物礁 CH_4 含量高于礁滩叠合区，生屑滩区最低；H_2S 与 CO_2 含量均是生物礁区低于礁滩叠合区，生屑滩区最高。从各礁带、滩区内部来看，也存在局部差异；如 H_2S 与 CO_2 含量在③号礁带最低，④号礁带次之，然后是①号礁带、②号礁带；CH_4 含量呈相反规律。这些规律除了受取样时机、误差影响外，总体上还是与礁滩体位置有关。

目前元坝长兴组有元坝 103H、元坝 204－1H、元坝 121H、元坝 27 井、元坝 29－2 五口井有流体相态实验成果（图 6－2－1、6－2－2），在此基础上，根据各礁带、礁群的流体物性特征，进行流体高压物性分区。

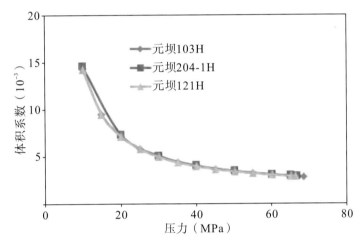

图 6－2－1 体积系数与压力关系对比曲线

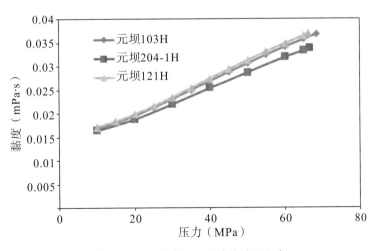

图 6－2－2 黏度与压力关系对比曲线

④号礁带模拟所应用的储层流体参数主要来自元坝 27 井高压物性实验测试报告，气相的高压物性数据。③号礁带模拟采用元坝 204－1H 和元坝 29－2 井高压物性实验测试报告，气相的高压物性数据。②号礁带模拟采用元坝 103H 井高压物性实验测试报

告，气相的高压物性数据（表6-2-1）。①号礁带、礁滩叠合区及滩相区模拟采用元坝121H井高压物性实验测试报告，气相的高压物性数据。

表6-2-1　元坝103H流体$P-V$关系测定数据（154℃）

压力 p（MPa）	相对体积（V/V_{fi}）	偏差系数 Z_g	体积系数 B_g（10^{-3}）	密度 ρ_g（g/m³）	黏度 μ_g（mPa·s）	压缩系数 C_g（10^{-2}MPa^{-1}）
*68.5	1	1.3242	2.854	0.2841	0.0368	
65	1.0279	1.2916	2.934	0.2764	0.0357	0.786
60	1.074	1.2457	3.065	0.2645	0.0341	0.877
55	1.1297	1.2011	3.224	0.2515	0.0324	1.011
50	1.1981	1.158	3.419	0.2371	0.0306	1.175
45	1.2842	1.1171	3.665	0.2212	0.0288	1.387
40	1.3951	1.0788	3.982	0.2036	0.0269	1.657
35	1.5432	1.0441	4.404	0.1841	0.025	2.015
30	1.7486	1.0141	4.991	0.1625	0.0231	2.497
25	2.0487	0.9901	5.847	0.1387	0.0213	3.161
20	2.5182	0.9736	7.187	0.1128	0.0196	4.112
15	3.3314	0.966	9.508	0.0853	0.0181	5.561
10	5.011	0.9687	14.302	0.0567	0.0169	8.054

（三）岩石物理模型

元坝长兴组气藏岩石应力敏感实验资料表明，其应力敏感程度差别比较大，渗透率伤害率为0.298~0.7611。根据气藏储层特征和实验结果分别建立不同孔、渗区间归一化曲线。在数值模拟时，考虑储层的非均质性、准确地针对不同类型储层考虑应力敏感的影响，使模拟结果更符合气藏开发实际（图6-2-3）。

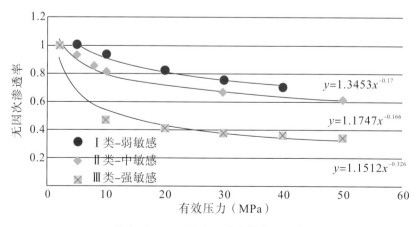

图6-2-3　三类岩心应力敏感性曲线

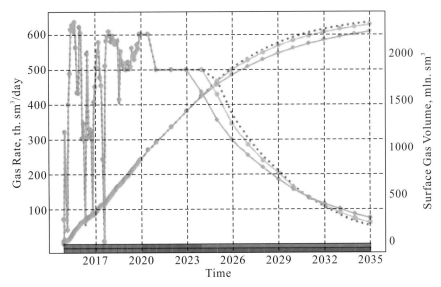

图 6-2-4　不同应力敏感程度下元坝 204-1H 井日产气预测曲线

图 6-2-4 是考虑应力不同敏感程度时元坝 204-1H 井日产气曲线对比图，考虑应力敏感比未考虑应力敏感时递减期的日产气递减率大，强应力敏感时气井稳产期减少 1 年。不同地层条件下的气井受其局部区域应力敏感的程度不同，对其生产动态的影响也有所不同。

（四）渗流模型

由于取芯分析的岩样具有不同的渗透率和孔隙度，测得的相对渗透率曲线可能有较大差异。结合气藏特征，依据不同的渗透率和孔隙度，分别选择若干条有代表性的相对渗透率曲线，在此基础上进行分类归一化处理，从而得到能够代表不同礁带、礁群、不同区域的平均相对渗透率曲线。

利用元坝长兴组气藏 7 口井的 25 个样品岩心相渗实验结果，依据元坝气田长兴组储层分类评价标准（表 6-2-2），对所有实验岩样进行初步分类，之后再结合孔隙结构及渗流表现进行分类调整（表 6-2-3），最后对这些样品的分类结果进行分类归一化。

表 6-2-2　元坝气田长兴组储层分类评价表

储层类型	岩石类型	孔隙度（%）	渗透率（$10^{-3}\mu m^2$）	排驱压力（MPa）	中值喉道半径（μm）	孔隙结构类型	测试状况	储层评价
I	残余生屑白云岩，晶粒白云岩	≥10	≥1	≤0.1	≥1	大孔粗喉	高产工业气流	好
II	残余生屑白云岩，晶粒白云岩	10～5	1～0.25	0.1～1.0	1～0.2	大孔中喉中孔中喉	中产工业气流	较好
III	灰质白云岩，云质灰岩	5～2	0.25～0.02	1.0～10	0.2～0.024	中孔细喉小孔细喉	低产气流	较差

续表6－2－2

储层类型	岩石类型	孔隙度（%）	渗透率（$10^{-3}\mu m^2$）	排驱压力（MPa）	中值喉道半径（μm）	孔隙结构类型	测试状况	储层评价
Ⅳ	生屑灰岩，礁灰岩	＜2	＜0.02	≥10	＜0.024	小孔微喉 微孔微喉	无	差

表6－2－3　岩心实验结果分类（7口井、25个样品）

储层类型	井名	岩样编号	孔隙度（%）	渗透率（mD）	长度（cm）	束缚水饱和度（%）
Ⅰ	元坝29	GZYB－62	21.99	349.5	4.21	31.92
Ⅰ	元坝29	GZYB－61	18.25	243.3	4.456	35.98
Ⅰ	元坝28	GZYB－66	14.83	2.181	2.97	37.11
Ⅰ	元坝271	GZYB－55	14.66	7.251	3.188	37.87
Ⅰ	元坝271	GZYB－59	12.15	1.174	4.406	41.8
Ⅰ	元坝205	GZYB－69	11.01	2.361	4.456	46.53
Ⅰ	元坝104	GZYB－48	10.95	4.807	4.26	36.96
Ⅰ	元坝27	GZYB－63	10.73	4.763	3.108	41.17
Ⅱ	元坝28	GZYB－67	13.61	0.5897	2.78	45.14
Ⅱ	元坝205	GZYB－68	8.51	0.5381	4.472	40.93
Ⅱ	元坝27	GZYB－64	8.31	1.48	4.466	40.47
Ⅱ	元坝273	GZYB－70	6.21	0.4531	4.47	42.03
Ⅱ	元坝27	GZYB－65	5.46	0.4451	4.472	41.36
Ⅲ	元坝271	GZYB－56	6.2	0.0997	4.416	42.05
Ⅲ	元坝271	GZYB－57	5.91	0.0675	4.464	55.63
Ⅲ	元坝271	GZYB－60	5.06	0.0654	2.912	56.95
Ⅲ	元坝104	GZYB－47	5.02	0.0057	4.468	56.31
Ⅲ	元坝104	GZYB－46	4.52	0.005	3.898	59.85
Ⅲ	元坝271	GZYB－58	3.99	0.0739	3.77	54.78
Ⅲ	元坝104	GZYB－50	3.28	0.0187	4.446	53.76
Ⅲ	元坝104	GZYB－51	3.17	0.0451	3.268	58.75
Ⅲ	元坝104	GZYB－54	3.07	0.0324	4.472	48.18
Ⅲ	元坝104	GZYB－52	2.89	0.0942	4.46	54.27
Ⅲ	元坝104	GZYB－49	2.58	0.0215	4.48	54.02
非储层	元坝104	GZYB－53	2.49	0.0057	4.472	58.72

一类储层有 8 个样品，分别为元坝 271、元坝 27、元坝 205、元坝 29、元坝 28 和元坝 104 井的岩样；二类储层有 5 个样品，分别为元坝 27、元坝 273 和元坝 205 井的岩样；三类储层有 11 个样品，分别为元坝 271 和元坝 104 井的岩样。各相渗曲线及其分类归一化后的曲线见图 6-2-5。

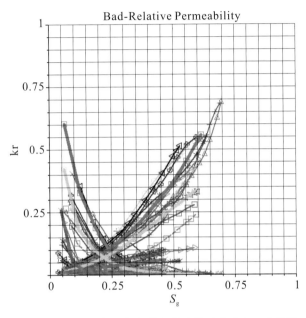

图 6-2-5　元坝长兴组气藏相渗曲线及分类归一化结果

（五）流体饱和度模型

根据前期地质认识，针对长兴组气藏不同井区的不同气水关系，分别建立气井水体参数计算方法，落实水体发育规模；同时采用 J 函数处理气水过渡带，精细描述流体饱和度分布，解决了对水体大小、活跃程度等认识不清以及流体饱和度与实际气藏差异大的难题；同时也完成了储量拟合。

由于现有测井解释、地震解释等方法在对地层水分布的刻画方面均存在一定的局限性。因此针对元坝气田长兴组这种气水分布复杂的生物礁有水气藏，开展了基于数值模拟的生物礁气藏地层水分布研究，获得了与实际气藏更相符的精细数值模拟模型。

对于①号礁带、元坝 28 礁群和元坝 273 井区底水气藏，利用数值模拟技术，基于考虑了储层非均质性的气藏模型开展水侵机理分析，获得各地层参数对气井生产的影响规律，再结合地质认识获得地层水分布的最大可能，并利用各种静动态资料进行气井生产历史拟合，最后落实了地层水的分布及水侵影响程度并体现到数值模型中，从而提高了模型的可靠度和气藏动态预测的准确度（图 6-2-6～图 6-2-8）。描述的流体饱和度的非均质性分布与测井解释吻合较好，同时也解释了产水井生产动态与前期地质认识不一致的问题。

对于元坝 29-1 井区，地质成果认为该井产水来自下部滩相，上部礁相产纯气；根据该井无水采气期、稳定产水阶段的生产水气比情况，利用气水两相流平面径向流公式估算下部滩体地层水相关参数情况，并在模型中进行地层水分布设置，建立流体饱和度分布模型（图6-2-9）。前期地质分析元坝29-2与28两个礁体气水界面相差30米，两者不连通；而地震剖面表明元坝29-2井与元坝28井所处礁体存在局部连通，结合两井储层发育情况，发现元坝29-2井区下部储层发育较差，因此其毛管压力较大，气水过渡带较元坝28井区高，而并非一定是两个独立的水体。调整后该礁群具有统一的底水，且解决了之前储层的孔隙度、渗透率与初始含水饱和度分布的相对关系相矛盾的问题，与成藏机理一致、更符合气藏实际。

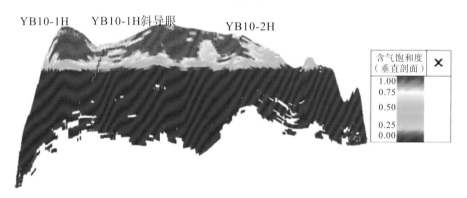

图6-2-6　元坝10-1H礁群初始含气饱和度分布剖面图

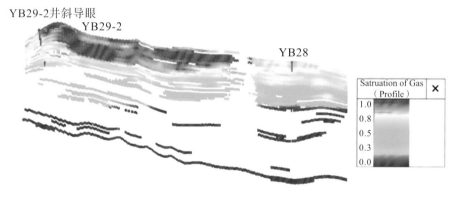

图6-2-7　元坝28礁群初始含气饱和度分布剖面图

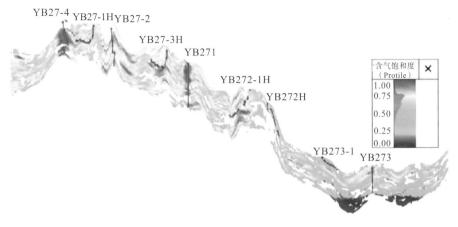

图 6-2-8 元坝④号礁带初始含气饱和度分布剖面图

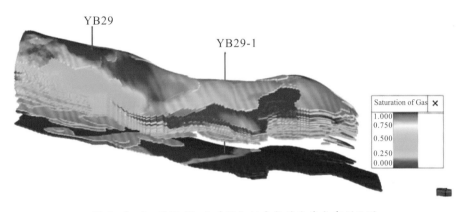

图 6-2-9 元坝 29-1 井区初始含气饱和度分布剖面图

（六）井筒管流模型

井底流压是开展气井动态分析的基础，井底流压的计算精度会对气井生产指标有较大影响。由于元坝长兴组气藏埋藏较深、高含硫，压力计下入井底风险较大且费用较高，因此主要是通过井口压力折算来获得气井井底流压。项目研究中建立了超深高含硫气井井底压力计算模型，利用该模型对数模 VFPI 模块计算的井底压力进行校正。

以元坝 27-2 井为例，该井在实际生产阶段，校正前井筒损失为 16MPa，校正后的井筒损失为 19.3MPa，图 6-2-10 是校正前后井口油压拟合曲线对比图。由于井筒损失的差异，对其稳产期也有所影响，校正前为 9.2 年，校正后为 7.2 年（6-2-11）。

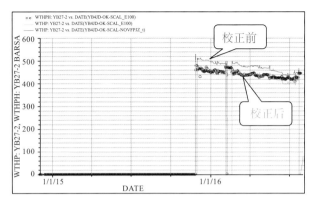

图 6-2-10　元坝 27-2 校正前后油压拟合曲线对比

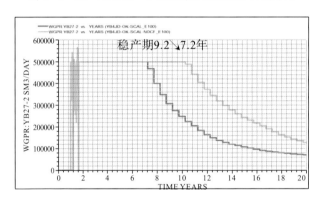

图 6-2-11　元坝 27-2 流压校正前后日产气对比

二、生产动态历史拟合

生产历史拟合的主要目的是完善和验证气藏模拟模型。虽然在建立三维地质模型和气藏数值模拟模型阶段结合了多种动静态资料建立了气藏模型，但一般来讲，初始建立的气藏模型通常不能很好地拟合气藏的历史生产动态，不能保证气藏动态预测的可靠性；因此需要进一步综合利用动静态资料进行生产历史拟合，提高模型的预测可信度。

历史拟合的过程也是加深对气藏认识的过程。生产过程中单井控制范围、压力下降速度、地层水的水侵通道等都能在历史拟合过程中得到认识。由于元坝长兴组气藏储层非均质性较强，且储层污染与改造改变了近井区渗流特征，致使对气藏的动、静态特征的认识具有一定的不确定性。历史拟合主要通过对气藏模型的各个环节相关参数的调整来修正气藏模型，对渗透率、压力波及、储量动用情况、连通性、井筒压力损失等进一步深入研究、对模型进行精雕细琢，不断加深对气藏再认识，进一步提高指标预测的精度及可靠程度。

（一）可调参数及范围

由于元坝长兴组气藏的复杂性和资料的不确定性，历史拟合时可调参数较多、可调自由度大，为了避免和减少修改参数的随意性，在历史拟合开始时，必须确定模型的可调参数及范围。根据长兴组气藏资料情况，调整参数的原则为：

（1）由于海拔高度、储层总厚度、有效厚度、孔隙度主要来自测井解释，岩心实验数据分析，因而具有较高的可靠性，一般情况不做调整，但由于储层非均质性较强，在对压力进行拟合时，对井间的有效厚度可作适当的调整；

（2）地层水、天然气的PVT参数来自实验数据，且实验条件下变化范围较小、可靠性较高，拟合中不做调整；

（3）岩石物性虽然来自实验结果，但受岩石内饱和流体和应力状态等的影响，有一定的变化范围，而且与有效厚度相连的非有效部分也有一定弹性作用，考虑这部分的影响，该参数可做适当调整；

（4）储层渗透率主要来测井、试井解释，但由于储层的复杂性及非均质性，因而对于渗透率可作较大的修改；

（5）相对渗透率曲线由于受实验岩心的选择、模型网格与岩心尺度差异等影响，应看作不定参数，可作适当修改；

（6）气水界面因为气水关系复杂、资料有限，目前在元坝长兴组气藏是不确定参数，可结合地质认识在一定范围内修改。

（二）历史拟合结果

元坝长兴组气藏因为超深、地层压力高、温度高、高含硫，没有实测井底流压；单井压力的拟合目标为井口压力，因此对于该气藏生产历史拟合时是将日产气量作为确定参数进行模拟，拟合目标为井口压力、日产水量、见水时间、单井静压等。

结合小礁体精细刻画、储量分类评价、地层水分布、储层连通性的认识成果，修正对储层的认识。同时，结合井筒管流、井口及现场管网压力条件，减小井口压力拟合误差。此外，在模型调整过程中，着重对疑似产水井开展不同水体发育范围及能量大小对气井见水时间、产水量指标影响研究。还针对部分重点井对压力波及、储量动用情况、连通性等开展深入探讨，不断加深气藏认识。

通过多轮次的数值模拟研究，反复对4条礁带和礁滩叠合区气井历史拟合和数值模型调整工作。尤其对于元坝10-1H、元坝10侧1和元坝28等有水井区，在对气藏流体饱和度分布优化调整的基础上，开展了对各井井口油压、见水时间、产水量的历史拟合，其拟合精度更高、模型调整结果更合理。

从部分井井口油压及日产水量拟合结果（图6-2-12～图6-2-23）可以看出，大部分井拟合较好，且与地质认识一致，同时也有部分井拟合效果不太好，还需要加强将动静态研究与建模、数模的结合并进一步调整模型，保证模型能够反映地质认识。各井井口油压拟合精度图见图6-2-24。

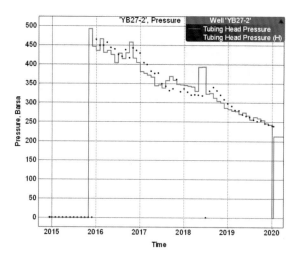

图 6—2—12　元坝 27—2 井井口油压拟合曲线

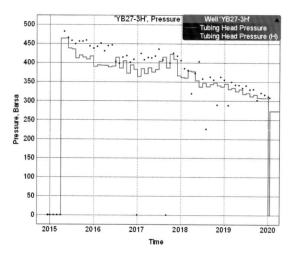

图 6—2—13　元坝 27—3H 井井口油压拟合曲线

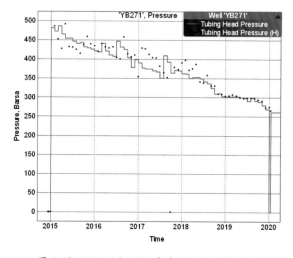

图 6—2—14　元坝 271 井井口油压拟合曲线

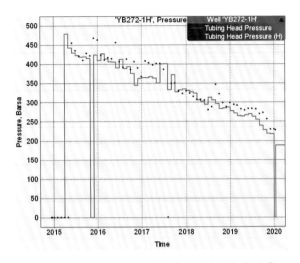

图 6-2-15　元坝 272-1H 井井口油压拟合曲线

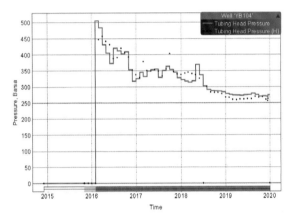

图 6-2-16　元坝 104 井油压拟合曲线

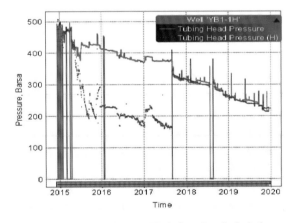

图 6-2-17　元坝 1-1H 井井口油压拟合曲线

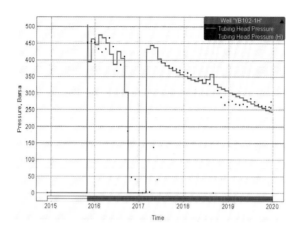

图 6-2-18　元坝 102-1H 井井口油压拟合曲线

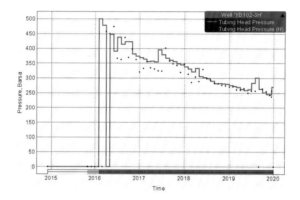

图 6-2-19　元坝 102-3H 井井口油压拟合曲线

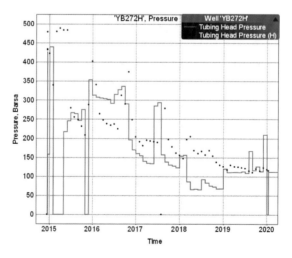

图 6-2-20　元坝 272H 井井口油压拟合曲线

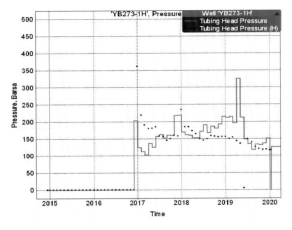

图 6-2-21 元坝 273-1H 井井口油压拟合曲线

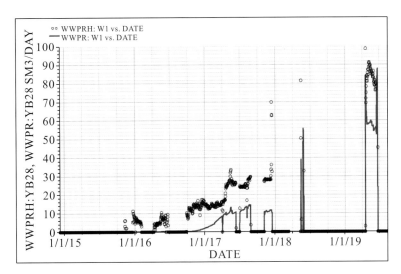

图 6-2-22 元坝 28 井日产水拟合曲线

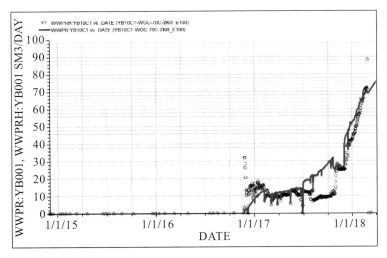

图 6-2-23 元坝 10 侧 1 井日产水拟合曲线

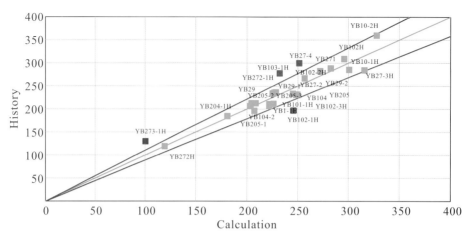

图 6-2-24　元坝长兴组气藏各井压力拟合评价图

三、模型的认识与评价

通过数值模型的建立、优化和修正的过程，结合地质和生产动态跟踪分析，对模型有以下认识：

（1）对地层水的认识还有待进一步研究，现有模型中对地层水的设置及其预测结果仅是众多可能性之一，需要更多的动静态资料进行更加全面综合的研究。

以元坝 10-1H 底水模型为例，针对该礁群礁滩体分布特征及对地层水的初步认识，识别出影响地层水水侵活跃性的不确定参数，并设计出各个不确定参数的变化范围，开展敏感程度分析，对多组预测结果进行对比分析，发现多组不同的水体参数组合建立的底水气藏模型均能达到一样的预测结果；同时，不同气井由于其储层非均质性较强，模型中水体参数对不同气井的影响程度不同，例如元坝 10-1H、元坝 10-2H 井均是避水高度大于 20 米后敏感性变弱，但元坝 10-1H 井避水高度对产水影响的程度较元坝 10-2H 井小（图 6-2-25、6-2-26）。

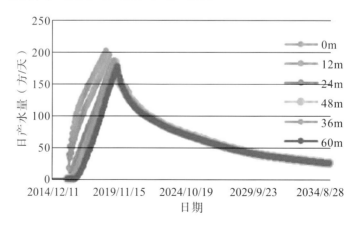

图 6-2-25　不同避水高度下元坝 10-1H 井日产水预测曲线

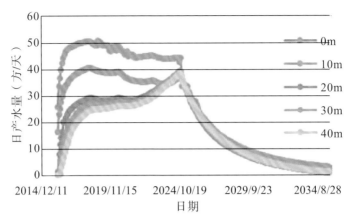

图6-2-26 不同避水高度下元坝10-2H井日产水预测曲线

对于元坝10-1H礁群，由于储层物性非均质性较强，其气水过渡带高度由于受物性影响而各处不同，因此位于低部位的元坝10-2H井与高部位的元坝10-1H井的部分水平段均处于气水过渡带；元坝10-1H井斜导眼轨迹处自由水界面的海拔深度为-6289米，而斜导眼上测井解释的-6257.8米处的气水界面仅为该处过渡带顶部。且元坝10-1H井水平段整体比较直、而元坝10-2H井水平段后部向上翘；此外，由于元坝10-1H井控制范围内储量较元坝10-2H井小、采速相对较高，故表现出元坝10-1H井水侵强度更大（图6-2-27）、水气比更高。因此分析认为两井产水动态的差异主要是由储层发育、两井控制储量、水平段轨迹及所处位置的含水饱和度差异造成的。

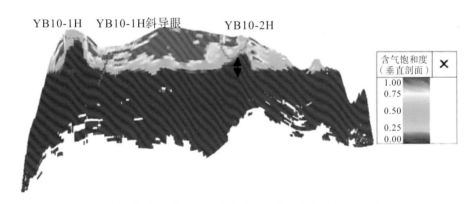

图6-2-27 元坝10-1H礁群目前含气饱和度分布图

（2）部分气井生产动态与地质认识差异较大，需要进一步加强研究，分析储层发育程度、展布范围及连通性，以更好地为模型调整提供地质依据。

以④号礁带为例，其西北端的5口井中，元坝27-3H、271和272-1H井实际生产产量高、油压高且递减慢，产能、动态储量明显高于元坝27-1H和元坝27-2井；而地质认识及地质模型中却是元坝27-1H至元坝27-2井区的储层发育程度和范围均好于元坝27-3H~272-1H井区；从各井生产油压拟合曲线图可以看出，元坝27-2H井模型调整前的井口油压与实际生产历史一致（图6-2-28）；而元坝27-3H、271、

272－1H 井拟合前井口油压远低于实际生产井口油压（图 6－2－29～图 6－2－31），尤其是元坝 271 井作为直井在原有的地质认识基础上根本无法达产。东南端的元坝 272H 和 273－1H 井历史拟合前井口油压远高于实际生产油压（图 6－2－32、图 6－2－33），认为前期认识好于实际情况。

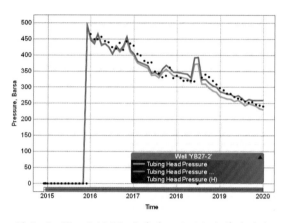

图 6－2－28　元坝 27－2 井井口油压拟合前后对比

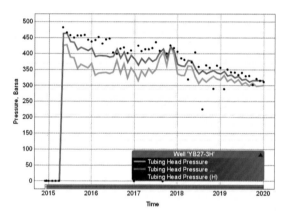

图 6－2－29　元坝 27－3H 井井口油压拟合前后对比

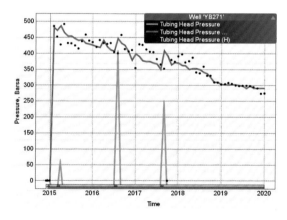

图 6－2－30　元坝 271 井井口油压拟合前后对比

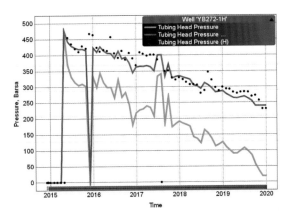

图 6-2-31　元坝 272-1H 井井口油压拟合前后对比

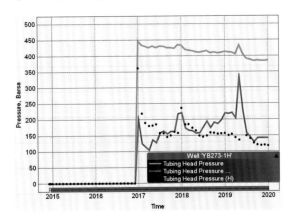

图 6-2-32　元坝 272-1H 井井口油压拟合前后对比

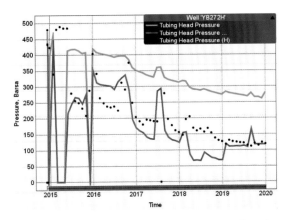

图 6-2-33　元坝 273-1H 井井口油压拟合前后对比

（3）气藏整体渗透性比预期好，储层非均质性比前期认识更强，小礁体间存在不同程度的连通性。

大部分气井的试井解释、生产动态等方面均表现出比原有认识更好的物性特征；因此认为测井解释成果建立的地质模型不能有效反映出局部裂缝的高渗带，应参考录井、岩心分析等地质资料、结合试井解释结果和生产动态资料对模型进行局部调整。

各礁盖优质储层之间存在低渗区域，各小礁体间连通性较差，影响了气藏整体连通性。

早期地质研究结果认为储层发育比较连片，建立的三维地质模型也反映出物性整体偏差、远井区域与近井区域物性有差异但差异程度较小；根据各种动态资料进行生产历史拟合后，模型表现出物性局部较好、远井区域较差的特征，具有小礁体分布特征，与识别出的小礁体分布比较一致（图6—2—34、图6—2—35）。

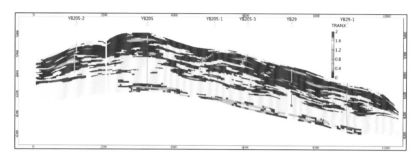

图6—2—34　元坝205礁群初始模型X方向传导率分布图

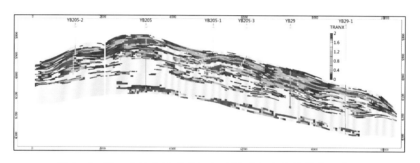

图6—2—35　元坝205礁群拟合后模型X方向传导率分布图

（4）礁带虽然有一定连通性，但井控储量有限，井距过大不能有效控制远井区储量，完善井网能有效提高储量动用程度，反之若井距过小则对提高采收率作用不大。

前期对实施元坝205—2和元坝205—3井前后整个礁带的开发指标进行了预测及对比分析，结果表明，实施元坝205—2井预测20年末可多采天然气11亿方；且该井的投产对其余4口井（主要是元坝205和205—1井）的稳产期、累产均有不同程度的影响（表6—2—4）。实施元坝205—3井，预测20年末可多采天然气7亿方，该井的投产对其余5口井的稳产期、累产均有不同程度的影响；说明元坝205井所在礁群井间仍有相互干扰、储层具有一定的连通性（表6—2—5）。

表6—2—4　实施元坝205—2井对各井稳产时间及20年末累产影响预测表

	预测指标	无元坝205—2井	有元坝205—2井	差值
配产	万方/天	220	265	—45
205礁带	稳产时间（年）	9	8.5	0.5
	20年末累产（亿方）	115	126	—11

	预测指标	无元坝205-2井	有元坝205-2井	差值
元坝205井	稳产时间（年）	12.5	9.5	3
	20年末累产（亿方）	37	30.7	6.3
元坝205-1井	稳产时间（年）	10	8.5	1.5
	20年末累产（亿方）	30.1	27.7	2.4
元坝205-2井	稳产时间（年）		12	
	20年末累产（亿方）		21.9	
元坝29井	稳产时间（年）	9.5	9	0.5
	20年末累产（亿方）	27.6	26.6	1
元坝29-1井	稳产时间（年）	9	9	0
	20年末累产（亿方）	20.1	19.5	0.6

表6-2-5　实施元坝205-3井对各井稳产时间及20年末累产影响预测表

	预测指标	无元坝205-3井	有元坝205-3井	差值
配产	万方/天	265	310	-45
205礁带	稳产时间（年）	8.5	7.2	1.3
	20年末累产（亿方）	126	133	-7
元坝205井	稳产时间（年）	9.5	8.75	0.75
	20年末累产（亿方）	30.7	28.9	1.8
元坝205-1井	稳产时间（年）	8.5	7.25	1.25
	20年末累产（亿方）	27.7	23.1	4.6
元坝205-2井	稳产时间（年）	12	11.2	0.8
	20年末累产（亿方）	21.9	20.8	1.1
元坝29井	稳产时间（年）	9	7.75	1.25
	20年末累产（亿方）	26.6	23.6	3
元坝29-1井	稳产时间（年）	9	8.25	0.75
	20年末累产（亿方）	19.5	18.1	1.4

第七章 气藏稳产技术对策

| 第一节 气藏稳产形势分析 |

一、资源潜力评价

元坝长兴气藏目前生产形势良好，但为避免未来低产井及含水井对气藏产能的影响，确保气藏高产、稳产，需对气藏开展潜力评价，寻找新的部署区。为此，针对气藏地质特征，制定了潜力区评价标准：

一是井控程度较低，现有井网未有效动用。针对建产区内，井间距离大，井与井泄气半径未有效控制区，评价其面积及储量大小是否满足部署条件。

二是微相有利（台缘、礁盖储层）。元坝长兴生物礁礁盖储层最发育，礁后次之，礁前最差。潜力区评价过程中应寻找礁盖作为部署区。

三是礁体规模大（储层相对发育，连续性和含气性好）。礁体规模大，礁盖储层分布面积大，连续性好，钻井实施更易。

四是位于相对构造高部位，以有效避开水层。生产数据表明，气藏气水关系复杂，部分生产井受地层水影响严重，部署区评价中应避开含水区。

五是满足单井控制储量界限。目前评价气藏单井控制储量界限为 $15 \times 10^8 \, \text{m}^3$，潜力区地质储量应不小于此指标。

依据上述评价标准，针对礁相储层探明储量范围，分建产区外、建产区内分别评价了未动用储量及动用储量不充分区域开发潜力。同时针对滩相储层探明储量范围，结合已钻井实钻、生产井实际情况评价了开发的潜力。

（一）礁相储层

1. 建产区外

建产区外探明未动用储量主要集中在 4 个井区：元坝 2 井区、元坝 2 东南、元坝 222 井区、元坝 11 井北。其中：

（1）元坝 2 井区勘探阶段部署了 2 口井（元坝 2、元坝 2－侧平 1 井），证实存在礁相储层，但均未钻遇礁盖有利微相，元坝 2 礁相测试偏低（油压 9.1MPa、产气 $10.24 \times 10^4 m^3/d$），认为有进一步评价的潜力；

（2）元坝 2 东南储量丰度低（$2.86 \times 10^8 m^3/km^2$），目前暂无开发效益；

（3）元坝 222 井区测试产水量高（油压 1.6MPa、产水 $384 m^3/d$），无开发效益；

（4）元坝 11 井北位于②号礁带与礁滩叠合区之间，礁体发育受前后礁带夹持影响，规模不大，计算储量 $18.05 \times 10^8 m^3$，认为有进一步评价的潜力。

综上，礁相储层建产区外有 2 个评价潜力区：元坝 2 井区及元坝 11 井北（图 7－1－1）。

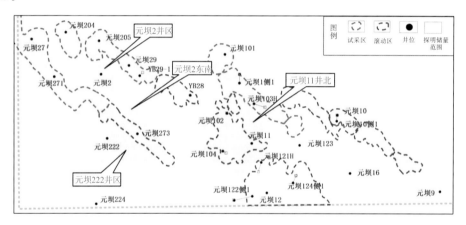

图 7－1－1　元坝长兴组气藏礁相气藏探明储量分布范围图

2. 建产区内

从整个气藏目前及 2035 年末（方案）地层压力分布预测图可以看出，目前有 5 个区域压力下降不均衡、动用程度不够充分、剩余储量比较大：位于④号礁带的元坝 272H 井东南、元坝 273 井东南 2 个井区；位于礁滩叠合区的元坝 104 井南、元坝 11 井西北 2 个井区；位于②号礁带动元坝 103　1H 井区（图 7－1－2、图 7－1－3）。

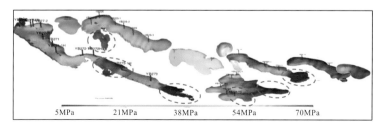

图 7－1－2　元坝长兴气藏礁相建产区地层压力分布图（2018.12）

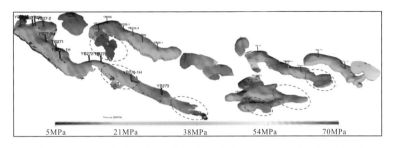

图 7-1-3　元坝长兴气藏礁相建产区地层压力分布图（2035 年）

由于②号礁带元坝 101-1H 井目前产出地层水（45 m³/d），元坝 103H 井导眼钻遇水层，对②号礁带水体大小、水侵强度不明确，而元坝 103-1H 井东南井区又位于礁带末，目前暂不纳入潜力评价区。结合邻井生产情况、礁体发育规模、储层发育情况、构造位置等，认为礁相建产区可落实 4 个开发潜力区：元坝 272H 井东南、元坝 273 井东南、元坝 104 井南、元坝 11 井西北。

通过以上对建产区外未动用储量及建产区内储量动用不充分井区的梳理，提出 6 个潜力区，合计地质储量 100×10⁸ m³，其中：④号礁带 2 个潜力区（元坝 272H 井东南、元坝 273 井东南），地质储量 31.46×10⁸ m³；③号礁带西支 1 个潜力区（元坝 2 井区），地质储量 15.83×10⁸ m³；礁滩叠合区 3 个潜力区（元坝 104 井南、元坝 11 井西北、元坝 11 井北），地质储量 52.94×10⁸ m³（图 7-1-4、表 7-1-1）。

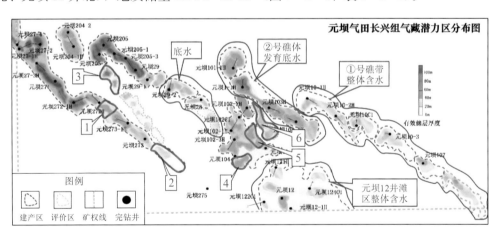

图 7-1-4　元坝长兴气藏潜力区分布图

表 7-1-1　元坝长兴气藏潜力区评价表

区域	编号	潜力区	面积 km²	地质储量 10⁸ m³	综合评价
④号礁带东南段	1	元坝 272H 南	2.56	17.53	邻井表现出低渗特征，储层较发育、储量动用程度低
	2	元坝 273 南	4.57	13.93	礁带整体不含水，储量动用程度低，但储层发育一般

续表7-1-1

区域	编号	潜力区	面积 km²	地质储量 10⁸m³	综合评价
③号礁带西支	3	元坝2井区	3.10	15.83	礁体规模普通（2个礁体），储层发育、储量位于未动用区、水平井可动用
礁滩叠合区	4	元坝104南	2.2	17.43	构造位置高，礁体规模大（1个礁体），储量未动用
	5	元坝11西北	2.57	17.46	储量动用程度低、水平井可动用，但礁体规模普通
	6	元坝11北	3.91	18.05	礁体规模小、储量丰度低，需进一步论证

（二）滩相储层

滩相探储量主要分布在4个区域：元坝205－元坝29井区，元坝224井区、元坝12井－元坝11井区、元坝123－元坝16井区（图7-1-5）。

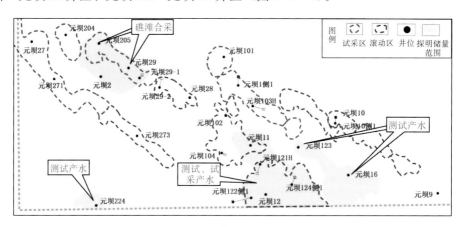

图7-1-5　元坝长兴组气藏滩相气藏探明储量分布范围图

元坝224井测试出水，元坝12井滩区6口井测试、投产情况（元坝121H、元坝124侧1长期关停）证实储层含水，元坝123及元坝16井测试产水。元坝29-1井已产出地层水，分析为滩相边水推进至井底。

目前认为滩相区由于产能低或产水原因，不具备部署新井潜力。

二、气藏稳产形势

全气藏平均地层压力为50.2MPa，平均年压降4.4MPa，地层压力整体下降相对均衡，目前气藏酸气产量保持在1100×10⁴m³/d，井口油压下降较为平稳，井口油压平均压降速率为0.012MPa/d（低于方案设计0.02MPa/d），按照0.012MPa/d压降趋势预测，气藏还可以稳产4年（2023年12月），见图7-1-6。

气藏 30 口投产井动态储量 709.77 亿方，平均单井 $24.41 \times 10^8 m^3$，储量规模较大。方案动用地质储量 $980.98 \times 10^8 m^3$（除去滩区），储量动静比相对较高为 68.29%，储量动用较为充分，气藏整体开发较为均衡。

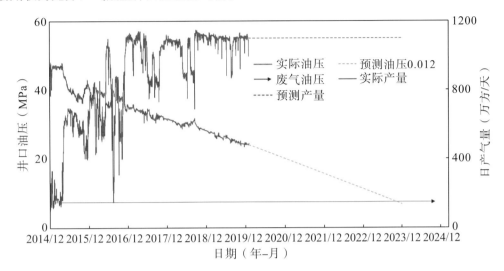

图 7-1-6 元坝气田产量预测图

元坝长兴组气藏气水分布主要受构造高低控制，不同礁、滩体具有独立的气水系统，无区域性统一水体，构造低部位的③号礁带末端、②礁带末端、①号礁带及滩区均不同程度含水（图 7-1-7）。

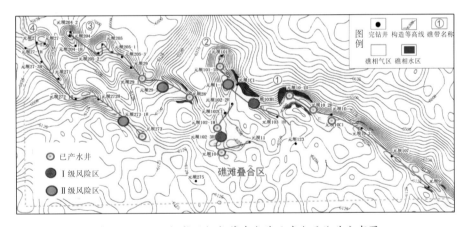

图 7-1-7 元坝长兴组气藏产水井及产水风险井分布图

目前气藏共有产水井 11 口，主要分布在构造相对低部位，其中 5 口气井前期均无产水认识，但生产中，均产出地层水，受水体认识局限影响，主要通过主动调产摸索三稳定制度，较前期未产出地层水，产量下调 $51 \times 10^4 m^3/d$，目前生产达三稳定，日产水量平均 $27.4 m^3$，按现阶段生产形势预测剩余稳产期平均 2.1 年（假设产水无恶化）；6 口前期地质认识有水气井，日配产均低于 $10 \times 10^4 m^3$，日产水量高于 $70 m^3$，生产影响大，稳产时间短（剩余稳产期约 1.4 年）。

结合前期地质认识及出水井的位置，初步预测气藏共有 5 口气井可能具有出水风险，5 口气井目前产量为 $195×10^4 m^3/d$，若出水严重威胁气藏稳产。

第二节 气藏稳产技术对策

一、优化气井工作制度

（一）"调压差、控采速、识水侵"，延长气藏无水采气期

在气藏开发初期阶段，气水关系不清，水体能量认识不足的情况下，影响水驱气藏采收率的主要可控因素是采气速度，针对长兴组气藏低部位气井采取"控采速、识水侵、调压差"的方式延长气井无水采气期。结合静动态资料，开展数值模拟研究，将优化配产、调控压差、均衡采气贯穿于整个气田精细开发管理之中，以避免局部井区出现强采和压降漏斗的形成，减缓底水锥进，达到水驱气藏"预防为主"的目的。

（1）优选井型、降低压差，增加避水高度。

在气藏开发方案设计时就考虑到地层水对气藏开发效果的影响，针对长兴组气藏储层较薄、纵向上发育集中、底部有水层的特点，采用以水平井为主开发方式。

一方面，水平井开发含水气藏的最大特点是能够有效地减缓水锥锥进趋势和推后气井的见水时间。由于水平井生产井段长，与气层接触面积大，水平井压力梯度呈线性变化，在供气范围内变化幅度小，而直井及大斜度井的压力梯度呈对数线性变化，变化幅度大。在相同产量下生产时，水平井的生产压差小，水锥锥进慢。另一方面，在水平井轨迹方面尽量增加避水高度。在水平井轨迹优化调整首要为沿构造高部位，控制轨迹位于礁盖储层顶部，以保证足够大的避水厚度。例如，元坝 103H 井针对下面水层优化了井眼轨迹，水平井距气水界面 39m。

（2）控制采气速度，确定气井初期合理产量。

合理采气速度是有水气藏早期的主要开采措施。项目研究过程中，提出了采气速度法和底水气藏临界产量法来确定气井初期合理产量，延长气井无水采气期。

采气速度法推荐了气藏不同水体大小、储层类型及不同程度非均质性等条件下的采气速度，对于小水体（小于 2.5 GPV），气藏采气速度可达到 2%～4%；对于大水体，气藏采气速度须小于 3%。

采用底水气藏临界产量法来约束气井初期配产，让推荐产量低于临界产量；对于井底周围有高角度裂缝的气井，还应使其产量低于临界产量的 70%，以有效的控制水锥。对于非均质气藏的临界产量，采用水锥计算公式与实际存在不符，国内外普遍采用对气井水中某一二种组分的监测来确定临界产量。威远气田灯影组气藏开发过程中，通过对 Cl^- 含量的监测来获得气井的临界产量。

（3）建立水侵早期识别方法，数值模拟进一步优化开发指标。

在元坝长兴组生物礁气藏气水分布模式的基础上，重点对低部位气井开展水侵早期识别。主要采用生产动态判别（典型曲线、FMB、动态资料）和水化学特征判别（Stiff 图）两类手段对气藏水侵情况进行识别。对于气井水侵初期型气井进一步优化开发技术政策。

采用数值模拟手段对元坝长兴组气藏两口早期水侵特征明显的元坝 $29-2$、元坝 $103H$ 井的开发指标进一步优化。元坝 $29-2$ 井配产 $45\times10^4\,m^3/d$ 时，见水时间提前到 3 年左右，优化配产 $30\times10^4\,m^3/d$；元坝 $103H$ 井优化配产 $55\times10^4\,m^3/d$，稳产期可达 7 年。

（二）摸索"三稳定"生产方式，优化产水井工作制度

加强动态监测，进一步评价产水井水体能量。在条件许可情况下，摸索压力、气、产水量"三稳定"的生产方式，充分利用早期充足的气层天然高压能量自喷带水采气，延长气井自喷稳产期。对于产水井，特别是水气比呈上升趋势的气井应尽可能保持连续稳定生产，避免产量调整和频繁开关井。

（1）摸索压力、产气、产水量"三稳定"的生产方式。

水驱气藏气井出水后，其合理产量目前不能通过数学表达式来计算，应多通过工作制度的摸索来延长带水采气期。根据前人经验，对于水体弹性能量较小的气藏，在合适的生产制度下能达到压力、气、产水量"三稳定"生产。气水同产井稳定生产的条件是：一方面地层水的弹性能量要比储气体积小；另一方面，气井生产制度上采水速度要比采气速度大。

总体来讲，控水采气是通过控制气井气水产量，提高井底回压来减缓水侵，但这对气藏的整体开发未根本缓解水侵对储层的危害，不利于提高气藏最终采收率，还应采用主动性措施尽可能消耗水体能量。

（2）优化产水井工作制度，避免频繁开关井。

已建立的数值模拟模型基础上，分别以配产 $10\times10^4\,m^3/d$、$15\times10^4\,m^3/d$、$20\times10^4\,m^3/d$ 对元坝 $10-1H$ 井进行配产方案优化，分析三种工作制度下的日产水、稳产年限以及稳产期末累产，其配产 $10\times10^4\,m^3/d$ 更优，见表 $7-2-1$，图 $7-2-1$。

为进一步分析元坝 $10-1H$ 井开关井对生产的影响，在考虑总产出不变的情况下，分别考虑三种方案：①配产 $10\times10^4\,m^3/d$，一直生产；② 配产 $20\times10^4\,m^3/d$，生产一个月关井一个月；③ 配产 $20\times10^4\,m^3/d$，生产三个月关井三个月，进行模拟，其结果见表 $7-2-2$，图 $7-2-2$ 与图 $7-2-3$。对比分析发现：元坝 $10-1H$ 井进行第一种方案配产，稳产时间更长，稳产期末累产更高。

因此，对于产水井，特别是水气比呈上升趋势的气井，由于关井复压易形成封闭气，应尽可能保持连续稳定生产，避免产量调整和频繁开关井。

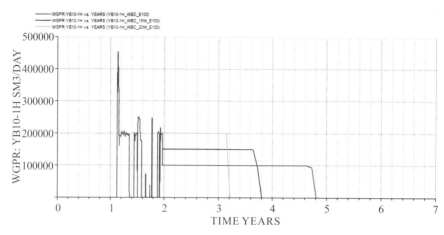

图 7-2-1　元坝 10-1H 井不同配产下日产气量曲线

表 7-2-1　元坝 10-1H 井不同配产下生产指标预测表

配产（$10^4 m^3/d$）	稳产时间（年）	稳产期末累产（$10^8 m^3$）	最高日产水（m^3）
10	3.75	1.357	91
15	2.75	1.309	112
20	2.15	1.266	124

表 7-2-2　元坝 10-1H 井不同配产下生产指标预测表

配产（$10^4 m^3/d$）	工作方式	稳产时间（年）	稳产期末累产（$10^8 m^3$）	最高日产水（m^3）
10	一直生产	3.75	1.357	91
20	开一月，关一月	3.3	1.287	144
20	开三月，关三月	3.1	1.257	139

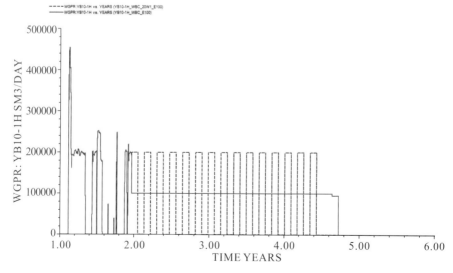

图 7-2-2　元坝 10-1H 井配产 20 万方日产气量曲线（开一月关一月）

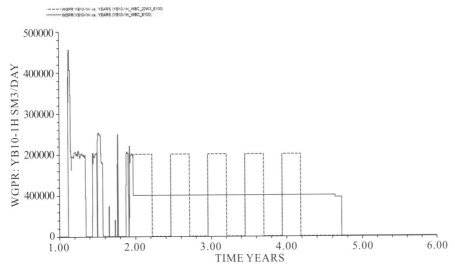

图 7-2-3 元坝 10-1H 井配产 20 万方日产气量曲线（开三月关三月）

二、井网调整

在对气藏开发潜力综合评价时，综合地质、气藏工程与数值模拟等研究，分析气藏储量动用程度较差的区域较多，因此在后期的开发过程中，在开发方案利用井数减少、动用储量降低的情况下，为实现气藏 $1100 \times 10^4 \, \mathrm{m}^3/\mathrm{d}$ 生产能力，可考虑调整部署新井，增加开发井对储量的控制，夯实气藏稳产基础。

通过井位部署，优化气藏配产，设计了 3 套长兴组气藏配产方案，新井部署图见图 7-2-4 所示。利用原开发方案 33 井，保持气井合理产能，配产 $1100 \times 10^4 \, \mathrm{m}^3/\mathrm{d}$，预测稳产 7 年；新增元坝 104-1H 和元坝 272-2H 井，配产 $1100 \times 10^4 \, \mathrm{m}^3/\mathrm{d}$，稳产期可达 7.3 年，进一步夯实稳产基础。因此，部署新井增加对储量的控制也是后期气藏稳产的重要举措之一。

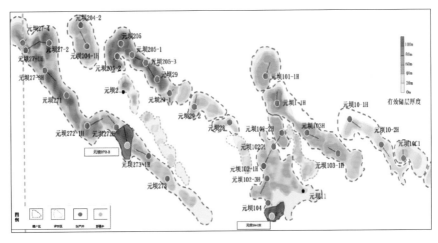

图 7-2-4 元坝气田井网调整部署图

三、控水工艺措施

排水采气就是利用出水气井采取主动排水以消耗水体能量，通过减小气区和水区的压差来控制水侵，这是针对气藏出水的危害采取的更为积极、主动的方法，是根据开发动态制定的切实可行的排水采气措施，是裂缝水窜型气藏开采的主要方法。

结合调研认识，国内外耐温＞130℃、耐硫化氢的泡排剂鲜有报道。究其原因，很多表面活性剂官能团在130℃会发生热分解或水解。酸性条件更是在多数情况下加剧了水解的速度。另外，超深井对泡沫的稳定性提出了更高的要求。因此，有必要开展抗高温高盐耐酸气宽矿化度适用范围的泡排剂配方体系研究，为元坝长兴组气藏产水气井的排水采气工艺提供支撑。根据国内外泡沫排水采气工艺技术文献及大量的实例井应用发现，在实施外泡沫排水采气工艺技术还应注意：产水量不宜过大（不超过150m³/d较佳）；控制气流流速（小于1m/s或大于3m/s）；油管鞋尽量下到气层中部；油管柱无穿孔。

元坝长兴组气藏埋藏深、地层温度高、高含硫化氢，地层水矿化度高，受气井井深结构影响（有封隔器、油套不连通），建议开展抗高温高盐耐酸气泡排剂配方体系研究。对于长兴组底水气藏采用水平井方式开发，可考虑开展堵水工艺技术的研究。

四、增压开采

在气井开发后期，采用衰竭式开发的气井往往会面临这样一个问题，气井生产压差小，井口压力接近于气体集输的管网压力，造成集输困难，进而导致气井产气量低、气井携液能力下降，造成井底积液等。目前采取的措施是通过增压机使气井可以在井口压力低于管网压力下运行，进而降低气井的废弃压力，达到稳产增产、提高气井产量和最终采收率的目的。

目前国内外通常采用的增压方式有三种：单井增压、集气站增压、净化厂增压。这三种增压方式适用于不同类型的气井，单井增压开采主要应用于气井控制储量大，且受井口流动压力影响较为严重的低压气井、气水井或濒临水淹的气水同产井。这类低压气水井只要降低井口流动压力，就能建立起和谐的气水流动关系，实现气水同产井连续生产的"三稳定"生产状态，达到自喷带水生产的最佳采气效果；集气站增压是将同一井组或相近的气井在集气站进行集体增压，相对来说管理方便、操作灵活且节约费用；净化厂增压是将气体净化后再进行输送，降低气体在输送过程中的压损。

元坝气田设计管线外输压力为7.5MPa，结合元坝气田实际生产情况，气田稳产期末2024年初时，可达外输压力7.5MPa，预测采出程度为27%，气田剩余储量较大，有资源基础；且气田具有5条外输管线，相对集中，因此，为进一步延长稳产期，提高气田采收率，可采用集体增压开采措施，预计外输压力可降至4.6MPa，提高采收率2%～3%。

第三节 调整方案及指标预测

基于对稳产技术对策的分析，同时考虑配产优化、井网调整、控水措施、增压开采等、低效井挖潜改造等对策，利用通过生产历史拟合修正调整后的气藏模型，对元坝长兴组气藏开展生产动态预测；对整个气藏从接替能力、调产时机、措施条件等方面进行方案调整、管理策略的设计和预测。

为了更好地指导气藏高效开发，基于考虑了各个礁群不同采速下单井的配产优化、调整井的井位井型、控水措施的不同效果、增压开采不同的实施时机、低效井不同的挖潜改造程度等方面对气藏开发效果影响程度的敏感性研究结果，形成了多种开发调整方案和预测结果；表7-3-1是优选的两套方案的预测指标与现行方案的对比统计结果。

表7-3-1 长兴组气藏不同方案开发指标预测对比表

项目		方案1	方案2	方案3
总井数（口）		33	35	35
动用储量（$10^8 m^3$）		1046.11	1046.11	1046.11
稳产期末开发指标	年产气（$10^8 m^3/a$）	36.3	36.3	36.3
	日产气（$10^4 m^3/d$）	1100	1100	1100
	采气速度（%）	3.45	3.45	3.45
	稳产年限（a）	7	7.3	8
	累产气（$10^8 m^3$）	287.2	298.1	323.17
	采出程度（%）	27.45	28.49	30.89
预测期末开发指标（20年）	累产气（$10^8 m^3$）	468.2	496.1	516.9
	采出程度（%）	44.76	47.42	49.41

方案一：现行方案33口井。根据井口输压情况，以现行各井井口输压最低值（5.1~8.3Mpa）作为稳产条件进行预测。预测稳产7年，稳产期累产287.2亿方，采出程度27.45%；20年末累产气468.2亿方，采出程度44.76%。

方案二：调整方案35口井。针对建产区，结合地层压力、剩余储量分布等动静态资料，落实井网不完善潜力区2个，部署2口井，进一步提高储量动用率。预测稳产7.3年，稳产期累产298.14亿方，采出程度28.49%；20年末累产气496.1亿方，采出程度47.42%。

方案三：增压方案35口井。以考虑增压措施后井口输压最低值4.6MPa作为稳产条件进行预测。预测稳产期8年，稳产期累产323.17亿方，采出程度30.89%；20年末累产气 516.9 亿方，采出程度 49.41%。动用程度更高，提高了采出程度，为气藏经营管理提供了支撑。

图 7-3-1 是三组方案年产气预测曲线，图 7-3-2 和 7-3-3 是元坝长兴组气藏现行方案 33 口井预测期末地层压力分布预测图和调整部署两口井并整体增压后预测期末地层压力分布预测图。

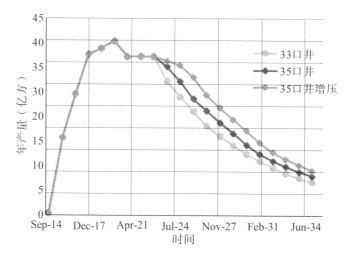

图 7-3-1　长兴组气藏不同方案年产气预测曲线图

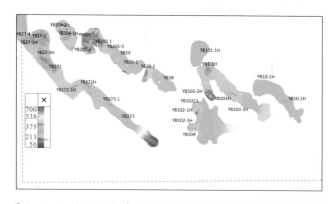

图 7-3-2　长兴组气藏 2035 年地层压力分布预测图（方案 1）

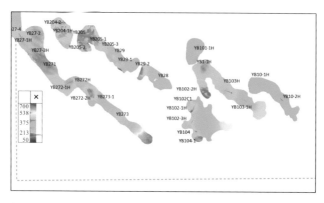

图 7-3-3　长兴组气藏 2035 年地层压力分布预测图（方案 3）

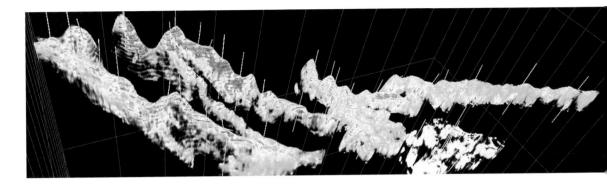

参考文献

[1] 石兴春，武恒志，刘言. 元坝超深高含硫生物礁气田高效开发技术与实践 [M]. 北京：中国石化出版社，2018.

[2] 吕功训. 阿姆河右岸盐下碳酸盐岩大型气田勘探与开发 [M]. 北京：科学出版社，2013.

[3] 郭肖，杜志敏，陈小凡，等. 高含硫裂缝性气藏流体渗流规律研究进展 [J]. 天然气工业，2006，26 (12)：35−37.

[4] 李士伦，杜建芬，郭平，等. 对高含硫气田开发的几点建议 [J]. 天然气工业，2007，27 (2)：137−140.

[5] 柯光明，吴亚军，徐守成. 元坝气田超深高含硫生物礁气藏地质综合评价 [J]. 天然气工业，2019 (S1)：42−47.

[6] 何生厚. 普光高含 H_2S、CO_2 气田开发技术难题及对策 [J]. 天然气工业，2008，28 (4)：82−85.

[7] 孔凡群，王寿平，曾大乾. 普光高含硫气田开发关键技术 [J]. 天然气工业，2011，31 (3)：1−4.

[8] 杜志敏. 国外高含硫气藏开发经验与启示 [J]. 天然气工业，2006，26 (12)：35−37.

[9] 生如岩，冯其红. 有限底水驱气藏气水均衡同采的实例评价 [J]. 天然气工业，2011，22 (2)：63−65.

[10] Rahman M. Productivity prediction for fractured wells in tight sand gas reservoirs accounting for non-darcy effects [C] //SPE Russian Oil and Gas Technical Conference and Exhibition，Moscow，Russia，2008：1−10.

［11］陈元千. 确定气井绝对无阻流量且和产能的一个简易方法［J］. 天然气工业，1987，7（4）：38－43.

［12］陈淑芳. 用不稳定试井确定产能方程的新方法［J］. 天然气工业，1994，14（4）：55－57.

［13］李传亮. 油藏工程原理［M］. 北京：石油工业出版社，2011.

［14］杨丽娟，赵勇，詹国卫. 元坝长兴组气藏一点法产能方程的建立［J］. 天然气技术与经济. 2013（3）：17－20.

［15］刘成川，王本成. 元坝气田超深层高含硫气井硫沉积预测［J］. 科学技术与工程，2020，20（6）：2223－2230.

［16］张烈辉，李成勇，刘启国，等. 高含硫气藏气井产能试井解释理论［J］. 天然气工业，2008，28（4）：1－3.

［17］潘谷. 普光气田主体气井不停产试井研究及应用［D］. 荆州：长江大学，2012.

［18］曾祥林，刘永辉，李玉军，等. 预测井筒压力及温度分布的机理模型［J］. 西安石油学院学报（自然科学版）. 2003，18（2）：40－44.

［19］陈元千. 气田天然水侵的判断方法［J］. 石油勘探与开发. 1978，5（3）：51－57.

［20］李晓平，张烈辉，李允. 不稳定渗流理论在水驱气藏水侵识别中的应用［J］. 应用基础与工程科学学报，2009，17（3）：364－373.

［21］詹国卫，王本成，赵勇，等. 超深、高含硫底水气藏动态分析技术－以四川盆地元坝气田长兴组生物礁气藏为例［J］. 天然气工业，2019（S1）：168－173.

［22］杨丽娟，张明迪，王本成，等. 基于数值模拟的生物礁气藏地层水分布研究［J］. 西南石油大学学报（自然科学版），2020，42（5）：118－126.

［23］郭金城，王怒涛，吴明，等. 物质平衡与非稳态产能方程结合计算气井动态储量［J］. 天然气勘探与开发，2010，33（4）：29－31.

［24］胡俊坤，李晓平，宋代诗雨. 水驱气藏动态储量计算新方法［J］. 天然气地球科学，2013，24（3）：628－632.

［25］杨宇，康毅力，曾焱，等. 对试凑法求取气井动态储量的改进［J］. 天然气工业，2007，27（2）：90－92.

［26］彭小龙，杜志敏. 大裂缝底水气藏渗流模型及数值模拟［J］. 天然气工业，2004，24（11）：116－119.

［27］王浩，简高明，柯光明，等. 四川盆地元坝气田长兴组生物礁识别与储层精细刻画技术［J］. 天然气工业，2019（S1）：107－112.

［28］张勇，杜志敏，郭肖，等. 硫沉积对高含硫气藏产能影响数值模拟研究［J］. 天然气工业，2007，27（6）：94－96.

［29］杜志敏. 高含硫气藏流体相态实验和硫沉积数值模拟［J］. 天然气工业，2008，28（04）：78—81.

［30］Mahmoud M. Effect of Elemental—Sulfur Deposition on the Rock Petrophysical Properties in Sour － Gas Reservoirs［J］. SPE Journal，2014，19（04）：703—715.